SCHÜTZENPANZER PUMA

ENTWICKLUNG
TECHNIK
EINSATZ

Wolfgang Schneider

Motor
buch
Verlag

Inhalt

Geleitwort

von Brigadegeneral Björn Schulz,
Kommandeur der Panzertruppenschule der Bundeswehr

Die Panzergrenadiere leisten einen wesentlichen Beitrag auf dem Gefechtsfeld und in jeglichen Formen des internationalen Krisenmanagements. Auf jeder Führungsebene sind die Panzergrenadiere vielseitig einsetzbar, sie sind vielfältig ausgerüstet und werden von Beginn ihrer truppengattungsbezogenen Ausbildung im Wechsel der Kampfweise sowie dem Zusammenwirken von auf- und abgesessenen Kräften ausgebildet, geprägt, erzogen.
Die Panzergrenadiere sind nicht besser als andere Truppengattungen, sie sind aber besondere Soldaten, die einer besonderen Ausstattung an persönlicher Ausrüstung, besonderer Handwaffen und schwerer Waffen, Kommunikationsmittel und nicht zuletzt natürlich eines besonderen Panzers bedürfen. Der Panzer für die Schützen, der Schützenpanzer, muss ebenso vielfältige Kriterien erfüllen, wie es die Aufträge der Panzergrenadiere erfordern: Mobilität, Durchsetzungsfähigkeit, Schutz und eben Wechsel der Kampfweise schnellstmöglich sowie gegenseitige Unterstützung im Zusammenwirken von Auf und Ab. Das alte Schlachtross, der Schützenpanzer MARDER, hat all das in seinen Evolutionsschritten in seiner Zeit erfüllt. Er war die »eierlegende Wollmilchsau«: Vom Heck-MG über Kugelblenden, Panzerabwehrrakete »Milan«, Wärmebildgerät bis zum Minenschutz hat er uns Panzergrenadieren treue Dienste geleistet und tut es immer noch. Die Kameraden der ukrainischen Armee wertschätzen ihn über alle Maße!
Mit technologischem Fortschritt und neuen Anforderungen sowie Folgerungen aus den Fähigkeiten der Gegner, wurde es Zeit für eine Neuentwicklung. Mit dem vorliegenden Buch wird das Werden und Sein des Schützenpanzers PUMA umfassend dargestellt. Das Werden war herausfordernd, doch das Ergebnis kann sich sehen lassen. Die Truppe hat gelernt, mit dem PUMA im Konstruktionsstand S0 erfolgreich auszubilden und in Übungen zu bestehen. Mittlerweile haben sich die Panzergrenadierbataillone L92 und 33 in der Slowakei und in Litauen in NATO-Missionen bestens bewährt. Der PUMA im Konstruktionsstand VJTF wurde sehr erfolgreich in das Panzergrenadierbataillon 112 eingeführt und hat nach einem zwischenzeitlichen Tiefschlag ebenfalls seine erheblich gesteigerten Fähigkeiten belegt. Der VJTF-PUMA ist die Vorstufe zum Konstruktionsstand S1, der mittlerweile an die Panzertruppenschule und das Panzergrenadierbataillon 122 ausgeliefert wird. Schritt für Schritt werden alle PzGren-Bataillone auf diesen Stand gebracht. Was für eine Kampfkraft steht damit dem Heer zur Verfügung!
Wer die überlegene Mobilität und Feuerkraft des PUMA erlebt hat, wer das System Panzergrenadier SPz PUMA und die Ausstattung der Panzergrenadiere Infanterist der Zukunft erweitertes System – im Zusammenwirken in Ausbildung und Übungen bestaunen konnte, erkennt die Schlagkraft und Überlegenheit dieses Systems. Ich kenne keinen auf PUMA/IdZ ausgebildeten Panzergrenadier, der je wieder darauf verzichten würde.
Hohe Feuerkraft, Mobilität und Schutz mit Informationsüberlegenheit im digitalen Zeitalter werden den PUMA wieder zum verlässlichen Schlachtross der Panzergrenadiere machen. Und nein, die Zeit der Panzer ist nicht vorbei. Auch im Zeitalter von Angriffen im elektromagnetischen Spektrum, im Cyberraum und mit mannigfachen Drohnen aus der Luft, werden wir in Kriegen weiterhin Ketten, Kanonen und Stiefel brauchen, um Raum zu halten oder zu nehmen.
Ich wünsche Ihnen eine erkenntnisreiche Lektüre.
Panzergrenadiere Dran – Drauf – Drüber!

Munster, im Frühjahr 2025

Brigadegeneral Björn Schulz

Die Panzertruppenschule und die Panzerlehrbrigade 9 in Munster waren von Beginn an in die zahlreichen Erprobungen eingebunden, von der Vorserie (oben) bis hin zur Serienreife 2015 (unten) (PSM)

Vorwort und Dank

Als mich der Motorbuch Verlag bat, ein Buch über den Schützenpanzer PUMA zusammenzustellen, fühlte ich mich spontan zurückversetzt in meine Zugführerzeit in den frühen 1970er-Jahren. Das in Stadtallendorf stationierte PzBtl 64 (und das Nachbarbataillon 63) wurden zu gemischten Bataillonen umgegliedert zwecks Bildung eines direkt dem III. Korps zugeordneten Panzerregiments. Zusätzlich erhielten beide Verbände zusätzlich je eine Panzergrenadierkompanie, ausgestattet mit dem SPz MARDER. Als wenig später der Kompaniechef auf den üblichen Laufbahnlehrgang nach Hamburg ging, »fehlte« ein erfahrener Führer des I. Zuges, der zugleich in Abwesenheit des Chefs die Kompanie führte. Vom Kommandeur gefragt, ob ich Lust hätte, diese Aufgabe zu übernehmen, sagte ich spontan zu. Aus den angekündigten sechs Monaten wurden dann fast zweieinhalb Jahre! Obwohl leidenschaftlicher Panzermann, machte mir diese fordernde Aufgabe großen Spaß, denn so lernte ich die für uns Panzerleute so wichtige Truppengattung Panzergrenadiere eingehend kennen.

Sozusagen mit eher guten Vorkenntnissen konnte ich mich so auf das Thema stürzen. Tagelang studierte ich Beschreibungen des Systems PUMA einschließlich Bedienanteile, gefolgt von intensiven Einweisungen am Fahrzeug und am so genannten Ausbildungsgerät SPz PUMA (AGSP). Ich erkannte rasch, welch große technische Neuerungen am neuen Schützenpanzer eingebracht worden waren, auch bedingt durch die Bedienung eines besatzungslosen Waffenturms und die bahnrechenden Aufklärungs- und Beobachtungsanteile. Als Panzermann möchte ich an dieser Stelle betonen, dass diese Anteile beim KPz LEOPARD 2 deutlich »einfacher« zu bedienen sind!

Rund 20 Dienstjahre später »umarmte« mich die Welt der Panzergrenadiere erneut, als ich nach der Kommandeurszeit Dezernatsleiter Panzertruppe in der damaligen Gruppe Weiterentwicklung der Panzertruppenschule Munster wurde. Wieder bedingt durch eine Abwesenheit, diesmal meines Panzergrenadier-Kameraden, fiel mir die Aufgabe zu, die Taktischen Forderungen (TaF) für einen neuen Schützenkampfwagen zu erstellen, selbstverständlich in enger Zusammenarbeit mit kompetenten Panzergrenadieren; auch hierzu mehr Details im Buch.

Meine letzten fünf Dienstjahre bei der Bundeswehr verbrachte ich als Kommandeur des »Stabes Feldversuch FüInfoSysHeer«, verantwortlich für umfangreiche Versuche und Erprobungen digitaler Führungssysteme, ohne die heute nichts mehr »läuft«. Dies alles erwähne ich, um zu zeigen, welch großen Spaß mir die redaktionelle und inhaltliche Arbeit an diesem Thema bereitete. Wie bei den im Motorbuch Verlag erschienenen beiden Vorgänger-Publikationen Panzerhaubitze 2000 (2023) und Kampfpanzer LEOPARD 2 (2024) unterstützte mich wieder eine ganze Reihe von Fachleuten aus der Industrie, den zuständigen Amtsbereichen und der Truppe mit großem Engagement, u. a. mit stundenlangen Einweisungen auf allen Bedienplätzen des SPz PUMA. Beim Abfassen der Anteile »Beschreibung« und »Bedienung« habe ich mich um eine nicht allzu detailverliebte Ausdrucksweise bemüht und versucht, die wesentlichen Inhalte herauszustellen, um eine (noch) nicht eingeweihte Leserschaft nicht zu »überfordern«.

Beim PUMA war es nicht weiter verwunderlich, dass Entwickler und Bedarfsträger vor große Herausforderungen gestellt wurden, wobei gerade auch die Aspekte Störanfälligkeit und Bedienerfordernis alles andere als einfach zu entwickeln waren. Details sind selbstredend in den ersten Kapiteln zur Entstehung enthalten. Aufgrund dieser Komplexität und der häufigen Anpassungen an neue Technologien und Standards kam es im Zuge der Entwicklung des PUMA zu nicht wenigen technischen Störungen und Anpassungserfordernissen. Die damit verbundenen zeitweiligen Ausfälle und Fehlfunktionen wurden seitens der Presse gern sensationsbeflissen dargestellt, und »Experten« (also keine Fachleute) redeten das Waffensystem schlecht, zumeist ohne sich vorher sachgerecht zu informieren. Um es kurz und knapp zu betonen: alle Besatzungen, mit denen man sich über den PUMA unterhält, sind vom neuen Schützenpanzer überzeugt und begeistert von seiner Leistungsfähigkeit.

Großen Dank schulde ich der Munsteraner Panzertruppenschule und dem Panzergrenadierlehrbataillon 92 für ihre wertvollen Einweisungen am Gerät und am erwähnten AGSP. Dort beeindruckte mich u. a. die Kompetenz von Hauptmann Andreas Rüddel, der die Software-seitige Nutzung gestaltet und weiterentwickelt.

Beim Dezernat IV des Zentrums Digitalisierung der Bw in der Außenstelle Munster brachten mich Oberstleutnant Oliver Brune und Oberstleutnant Frank Göhner auf den neuesten Stand der Führungs-Informationssysteme.
Sehr hilfreich war die inhaltliche Überprüfung der Kapitel durch Oberstleutnant Andreas Tessin (Referent »Wirksamkeit im Einsatz« im Kommando Heer).
Für den Abschnitt »Ausstattung der Panzergrenadiertruppe« stellten mir die PUMA-Bataillone dankenswerter Weise eine Reihe ausdrucksstarker Fotos zur Verfügung.
Wie immer gut entwickelte sich die Unterstützung der Industrie unter Federführung der Firma Projekt System & Management (PSM) in Gestalt der Herren Jens Gröning und Christoph Gaszczyk.
Bei den Abschnitten über die Entstehung und die Entwicklung leistete Herr Dirk Kilfitt von der Rheinmetall Landsysteme GmbH wertvolle Schützenhilfe.
Des Weiteren stellten bekannte Autoren anderer Fach- und Sachpublikationen in kollegialer Weise anschauliches Fotomaterial zur Verfügung; ich danke den Herren Walter Böhm (WB), Günter Oestreicher (GO) und Carl Schulze (CS).
Uelzen, im Sommer 2025

Wolfgang Schneider, Oberst a. D.

Eine zünftige Darstellung des PUMA der Firma Dynamit Nobel, die wichtige Anteile des ballistischen Schutzes beisteuert.

Entstehungsgeschichte

Erste Überlegungen (traditionell oder innovativ)

Überlegungen, den seit 1971 eingeführten Schützenpanzer MARDER mittelfristig durch ein Nachfolgemodell nach und nach zu ersetzen, wurden seit Anfang der 80er Jahre angestellt. Ausgelöst wurden sie u.a. 1981 in »Planfeststellungen des Heeres für die gepanzerten Kampftruppen der 90er Jahre«, in denen auf künftige Erfordernisse gegenüber wachsenden Bedrohungen eingegangen wurde, aufbauend auf Erkenntnissen im Rahmen der LEOPARD 2-Entwicklung. Dem entsprechend wurde es als dringend erforderlich erachtet, einen künftigen Schützenkampfwagen deutlich effizienter in den Bereichen Führung, Aufklärung und Feuerkampf zu konzipieren sowie die Parameter Schutz und Waffenwirkung signifikant zu steigern. In Bearbeitung war zu dieser Zeit bereits eine TaF (Taktische Forderung), die aber lediglich den Weg zu einem leistungsstärkeren Nachfolger des SPz MARDER wies. D.h. ein für erforderlich erachteter Leistungssprung war zweifelsfrei nicht gege-

Der innovative Bekämpfungsmodus »Luftsprengpunkt« (mit der Wahl der Detonationsanzahl und der Strecke) steigerte die Trefferaussicht gegen ungeschützte, im freien Gelände operierende Zielgruppen dramatisch. Eine Geschossdetonation deckt eine Fläche von ca. 200 m Breite und 100 m Tiefe ab. (RWM)

Zwei Versuchstypen des MARDER 2 wurden gebaut mit einem Gesamtgewicht von 44,2 Tonnen und einer Besatzung von 10 Soldaten (KMW)

ben! Dies führte zur Entwicklung des SPz MARDER 2 mit neuer Wannen- und Turmkonfiguration zwar mit gesteigertem ballistischen Schutz, jedoch unterhalb des damals bereits technologisch absehbaren (deutlich höheren) Schutzniveaus. Zukunftsweisend war die sehr leistungsfähige, elektrisch angetriebene 35 mm-Bordkanone Rh503 (durch Rohrwechsel steigerbar auf 50 mm Kaliber). Revolutionierend war - neben inerter Wuchtmunition - eine neuartige Mehrzweckmunition nicht nur mit Aufschlagzündung sondern auch mit Verzögerung sowie - programmierbar - als Luftsprengpunkt. Damit konnten auch stärker geschützte Ziele ausgeschaltet werden bzw. mit letzterer Zündprozedur mäßig geschützte Ziele - auch in der Fläche und hinter Deckung - von oben wirksam bekämpft werden.

Ein erster Versuchstyp wurde im September 1991 von der Firma Krauss-Maffei ausgeliefert. Jedoch bereits im Folgejahr wurde dieses Vorhaben aufgrund massiver Änderungen im geopolitischen Umfeld (Fall der Berliner Mauer) gestoppt, auch weil nicht zukunftsfähig genug. Lediglich die Maschinenkanone mit ihrer tempierten Munition überzeugte in allen Belangen, wurde sozusagen Platzhalter für weitere Überlegungen.

Dieser Gesamtsystemdemonstrator (GSD) wies schon damals neben der Hunter-Killer-Fähigkeit (die so bisher nur bei modernen KPz realisiert war) und der stabilisierten Waffenanlage und Sichtmittel zahlreiche weitere Merkmale auf, die dann viele Jahre später vom PUMA wieder aufgegriffen und in die Serie umgesetzt wurden.

Als in der 90er Jahren die Schweiz in die Beschaffungsplanung eines neuen Schützenpanzers einstieg kam von Seiten Henschel und KUKA der Vorschlag eines M12 auf MARDER-Fahrgestell, bewaffnet mit der W1 Mauser MK 30-2. In Deutschland selbst fand dieser Typ eher wenig Beachtung.

Konzeptionell zukunftsweisend waren die Überlegungen, technische Erfordernisse nicht mehr einseitig auf einzelne Kampffahrzeuge zu fokussieren, sondern stattdessen für alle geltenden Auslegungskriterien in den Bereichen Konstruktion, Schutz und Beweglichkeit sozusagen einvernehmlich zu definieren. Dies machte Sinn, weil es keinesfalls immer völlig unterschiedliche Auslegungen in diesen Bereichen bedarf. Diese

Foto vom Systemdemonstrator KUKA M12 im Deutschen Panzermuseum in Munster.

Einsicht ergab sich nach und nach durch die damalig weltweit gemachten Gefechtserfahrungen. Die Anschauungen, wonach ein Schützenpanzer ja nur »begleitet« (bzw. als »Battlefield-Taxi« fungiert), und somit keinen hohen Schutz benötigt (!) lösten sich auf, und dies mit höchster Dringlichkeit. Das Konzept weitgehend identischer, anpassbarer Plattformen mündete 1995/96 in die TaF »Neue Gepanzerte Plattformen (NGP)«. Jedoch fiel dies in die damalige Friedenseuphorie nach dem Kalten Krieg, so dass bereits zwei Jahre später diese Planungen beendet wurden. Humorvoll wurde dann aus »NGP« der Begriff »nicht gebauter Panzer«.

Skizze der Variante des NGP-Konzepts mit einer mittelkalibrigen Maschinenkanone als Bewaffnung im besatzungslosen Turm.

Das Puma-Laufwerk mit Antriebsstrang

Das Puma-Fahrgestell als Plattform für andere Anwendungen

Bergepanzer auf Puma-Plattform

Flugabwehrpanzer auf Puma-Plattform

Auch beim neuen Schützenpanzer gab es Überlegungen weitere Fahrzeugvarianten auf dem gleichen Fahrwerk vorzusehen. (PSM)

Jedoch muss erwähnt werden, dass ein Teil der Konzeptansätze sehr wohl weiterhin verfolgt wurde, wie innovative modulare (und in der Folge anpassbare) Schutzkomponenten, querschnittliche Führungs- und Aufklärungssysteme und dgl.

Beispiele für Varianten auf der Basisi der Puma-Plattform: Berge-Puma, Puma-Sanitätsfahrzeug (Grafik: KMW)

PUMA Fahrgestell mit Teleskoparm: HEL (Hochenergielaser)

PUMA Fahrgestell mit Mörserturm 120mm

Zwei weitere Variantenüberlegungen von Seiten Rheinmetall Defence sind durchaus aktuell, da ja kürzlich eine Mörservariante des Radpanzers BOXER eingeführt wurde. Auch Überlegungen einer Ausstattung mit einem Teleskoparm gab es schon (nicht mit LASER-Bewaffnung sondern mit Lenkflugkörper).

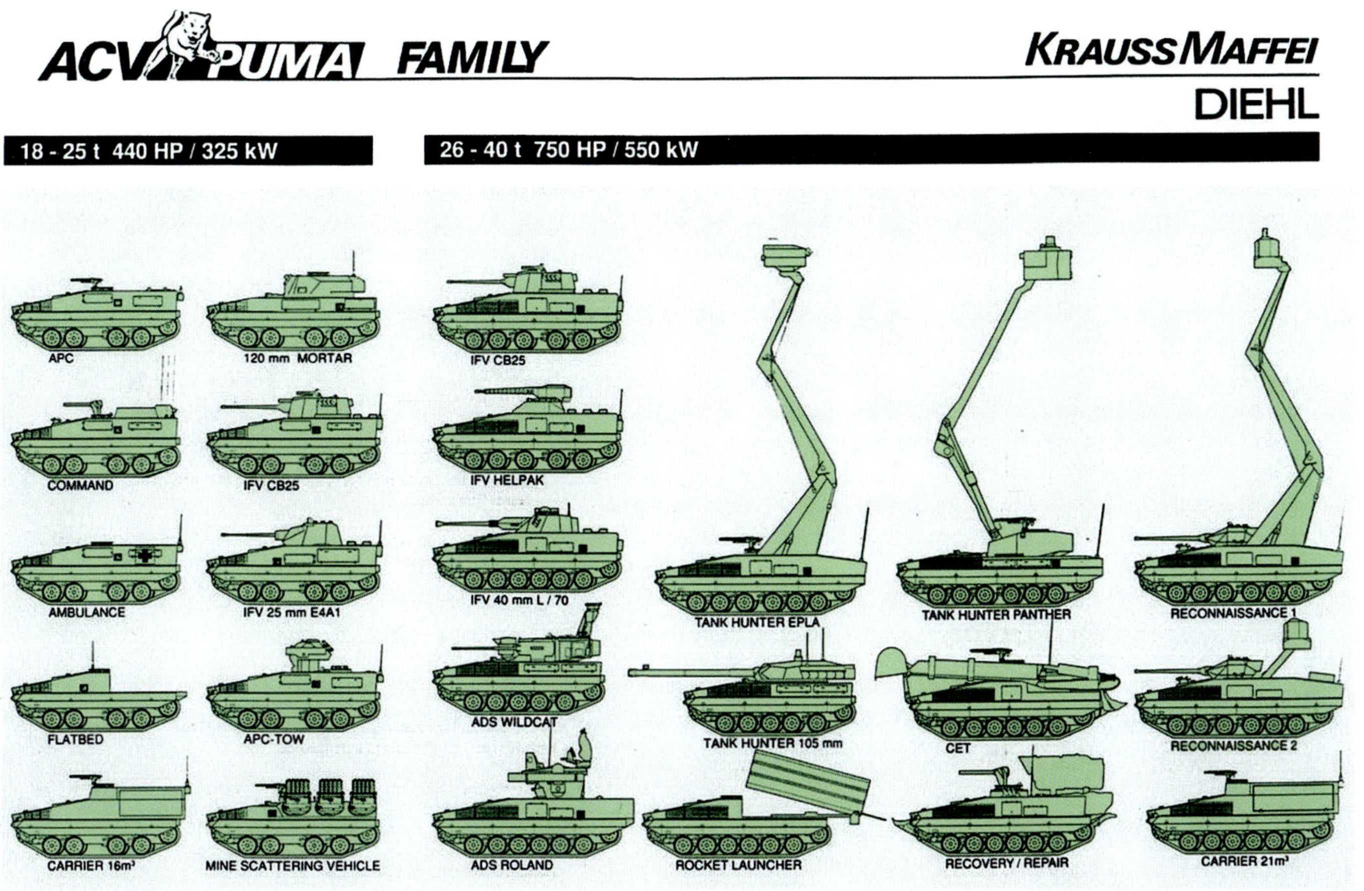

Auch bei anderen Vorschlägen, wie beim ACV PUMA wurde der Familiengedanke verfolgt.

Nach Aufgabe des NGP-Vorhabens entstand eher großer Druck, die Planungen für einen neuen Schützenkampfwagen (später auch Schützenpanzer 3 genannt) auf den Weg zu bringen, ausgehend von einem neuen TaK, auszuarbeiten bei der damaligen Gruppe Weiterentwicklung an der Panzertruppenschule in Munster ab 1997 (genehmigt am 26.02.1998).
Am 17.06.2002 wurden dann die AF (abschließenden funktionalen Forderungen) genehmigt.
In der Anfangsphase gestalteten sich die Arbeitsabläufe erfreulich produktiv, auch in Kooperation von Seiten höherer Ebenen sowie der Industrie.
Unstrittig war, dass das Schutzniveau eines künftigen Systems deutlich höher sein musste, zum einen wegen der steil angestiegenen Bedrohungen und der gewachsenen Erfordernis, sowohl eng mit Kampfpanzers zusammenwirken zu können, aber auch sehr wohl ohne diese, z.B. in Stabilisierungsoperationen. Dies erfordert eine entsprechende Robustheit und den »Umgang« mit einer Fülle potentieller Bedrohern. Dies hat auch Auswirkungen auf die Ausstattung mit anpassbaren Wirksystemen, je nach Zielspektrum.

Veraltete Vorstellungen gab es noch auf dem Gebiet Ausstattung des Schützentrupps für den aufgesessenen Kampf. Hier musste erst wiederholt auf potentielle Schwachstellen wie Dachluken oder Schießluken hingewiesen werden. Auch frühe Überlegungen zum Wechsel auf einen besatzungslosen Turm wurden zum Teil vehement abgelehnt. Hauptargument war, dass der Kommandant stets von der höchsten Stelle des Fahrzeugs aus beobachten muss. Damals schon verfügbaren oder absehbar entwickelten optronischen Aufklärungssystemen mit digitaler Datenverarbeitung gegenüber standen viele Traditionalisten noch skeptisch gegenüber. Die zu dieser Zeit verfügbaren Monitore besaßen nicht die notwendige hohe Auflösung, um eine dem Beobachter über Luke vergleichbare Sicht zu ermöglichen. Konkret bedeutete dies, dass (zunächst) noch ein Zwei-Mann-Waffenturm gefordert wurde. Damit steuerte das Basisfahrzeug (ohne adaptive Schutzkomponenten) auf ein Gewichtsniveau von deutlich über 40 Tonnen zu.

Fragwürdige Vorgaben

Die anstehenden weitergehenden Vorhabenplanungen und die intensiven Erörterungen mit der Industrie wurden schon nach kurzer Zeit drastisch »gestört« durch neue Forderungen an einen künftigen Schützenkampfwagen. Ausgehend von der Erfordernis, Kräfte auch zügig in anderen Ländern einsetzen zu können, ergaben sich die Aspekte des Transports dorthin, auch per Lufttransport. Als Nachfolger der in die Jahre gekommenen TRANSALL kam es zu dem Konzept A400M. Dieser Flieger war zwar deutlich leistungsstärker und hatte auch eine höhere Nutzlastkapazität, war aber mit später häufig genutzten Großfliegern von Antonov nicht vergleichbar. Quasi zum Schrecken der Entwickler wurde eine Gewichtsobergrenze (für den Transport) von zunächst 32 Tonnen festgelegt. Nach der ersten Fassungslosigkeit hoffte man, dass die modular ausgelegte Schutzauslegung (d.h. mit abnehmbaren Adaptivschutz-Modulen) die Chance eröffnen würde, diese Obergrenze einzuhalten. Dies war nicht der Fall, so dass als nächstes ein besatzungsloser Turm (also leichter, weil kleiner dimensioniert) in Betracht gezogen wurde. Auch wenn man entfernbare Gewichtsanteile (Besatzung, Munition, Kraftstoff und Schutzmodule) abzog, »landete« man immer noch bei über 35 Tonnen. Forderungen nach Erhöhung der Nutzlastwerte für das »noch nicht gebaute Flugzeug« wurden abgewiesen, auch weil die nationale Verantwortung bei diesem Gemeinschaftsprojekt nicht gegeben war. Ergänzend muss herausgestellt werden, dass dem Ansatz eines modularen Schutzaufbaus auch Grenzen gesetzt sind, da dann viele Fahrzeugkomponenten für die maximale Ausbaustufe ausgelegt werden müssen.

Die klar definierten technischen Grenzen der A400M insbesondere in den Bereichen Nutzlast, Abmessungen und Bodendruck des Transportraums waren entscheidend für die endgültige Serienausprägung speziell im Bereich Schutz des PUMA.

Vehement sträubte sich die Truppengattung gegen eine so drastische Absenkung der Parameter für ein bedrohungsgerechtes Kampffahrzeug. Es begannen technische Untersuchungen, welche alternative Lösungen ergriffen werden könnten, um das Basisgewicht abzusenken.

Dass Kampf- oder Schützenpanzer mittels Transportflugzeugen verlegt werden ist eher die Ausnahme! Dann werden auch gewöhnlich riesige Flieger verwendet mit deutlich höherem Nutzlastwerten als die A400M, wie z.B. bei den Transporten von/nach Afghanistan. (PSM)

Durchbruch dank guter Konzeptansätze

Die Konstruktion eines kleiner dimensionierten Triebwerks (mit gleicher Leistung) wurde in Angriff genommen (siehe späteres Kapitel »Beweglichkeit«). Auch gab es Untersuchungen, die Schutzmodule gewichtsseitig zu überarbeiten. Zu einem entscheidenden Durchbruch kam es durch Vorschläge, das Hauptwaffensystem durch ein »leichteres« zu ersetzen, auch wegen der munitionsseitigen Gewichte. Jedoch war eine mit der Rh503 vergleichbare Waffe (noch) nicht vorhanden (und ist es bis heute nicht), auch nicht in anderen Armeen.
Betrachtet wurde dann die MK 30 der Firma Mauser (ab 2004 Rheinmetall Waffe Munition), die anfänglich zur Flugabwehr auf Schiffen zum Einsatz kam. Bereits Ende der 90er Jahre hatte KUKA den E4-Turm mit 30-mm-MK als KWS für den SPz MARDER vorgeschlagen. Die parallel untersuchte Bushmaster erwies sich im Vergleich zur MK30 für die Verwendung im PUMA als klar unterlegen. Es startete zunächst eine firmeninterne Weiterentwicklung dieser Kanone hin zum Aufgabenspektrum für die Landzielbekämpfung, mit größeren Anforderungen im Hinblick auf Einrüstung in einen geschützten Waffenturm sowie geforderter Weiterentwicklung spezieller Munitionsarten wie bei der 35 mm Rh503.
Da nicht von jetzt auf gleich verlässliche Aussagen zu erwünschten Gewichtseinsparungen gemacht werden konnten, geriet das Gesamtvorhaben ins Stocken! Außer ausländische Systeme wurde auch eine industrieseitige Gemeinschaftsentwicklung (Krauss Maffei, Diehl, Mauser u.a.) mit dem Namen »Armoured Combat Vehicle (ACV)« betrachtet die seit 1986 erste Prototypvariantenplanungen ergab (auch für andere Aufgaben, z.B. als Mörser- oder PzAbwLFK-Träger). Irreführend ist, dass dieses System sehr bald auch unter dem Namen PUMA beworben wurde! Da es für die weitere Entwicklung des neuen Schützenpanzers 3 keine Relevanz hatte, wird es hier nicht weiter betrachtet.

Der Industrievorschlag ACV PUMA bei einer Vorführung. (KMW)

Auswahlentscheidung Nachfolger SPz Marder 2002

Die Marktuntersuchung der Bundeswehr Anfang der 2000er Jahre ergab, dass weltweit kein eingeführter Schützenpanzer geeignet ist, die Anforderungen an einen neuen deutschen Schützenpanzer zu erfüllen:

- grundlegendes System Design und -Technologie
- begrenzte Aufwuchsfähigkeit (z.B. Gewichtslimit schon erreicht)
- Upgrade auf ein bestimmtes Level ist möglich, aber sehr teuer (Lessons learned MARDER 1 A5)
- niedriges Schutzlevel in der Grundkonfiguration mit begrenzter Eignung für zukünftige Bedrohungen
- Risiko der Überalterung von Technologie und Komponenten sowie industrielles Know-how
- zukünftiges Systemwachstumspotenzial

⇒ **Entscheidung:**
Neuentwicklung unter Berücksichtigung der "Abschließenden funktionalen Forderung SPz3" v. 27.06.2002

Es gab auch von vielen Seiten Vorschläge bzw. Überlegungen auch andere Schützenpanzer in Betracht zu ziehen. Nach einer intensiven Marktuntersuchung wurde dies 2002 beendet. (PSM)

Als im Laufe der Jahre 1999 bis 2001 die firmenseitigen Untersuchungen zum Ergebnis kamen, eine 30-mm-MK für einen neuen SPz bereitstellen zu können, wurde am 17.06. 2002 ein neues Phasendokument mit der Bezeichnung »Abschließenden funktionale Forderung« (AF) für den SPz 3 erstellt, sozusagen »im Einklang« mit den limitierenden Gewichtsvorgaben. Zum Entsetzen der Truppengattung benannte die parlamentarische Staatssekretärin im Verteidigungsministerium Brigitte Schulte dieses kommende System mit dem Namen »IGEL«! Die PzGrenTrp hatte sich »PUMA« gewünscht«. Seitens des Ministeriums wollte man diesen bereits »vergebenen« Namen nicht. Der Name IGEL sollte zum Ausdruck bringen, dass das Fahrzeug gut rundum geschützt wäre (abgeleitet vom englischen militärischen Begriff »Hegdehog Defence«-Taktik, d.h. Rundumabwehr). Da in der Fachwelt nicht bekannt, erlaube ich mir kurz zu erläutern, wie es zum »Umschwung« kam. Noch im Jahr 2002 gab es eine Besprechung an der Panzertruppenschule in Munster mit dem neuen VtgMin Peter Struck. Dabei kam auch der Wunsch zur Sprache, die seltsame IGEL-Benennung des neuen Schützenpanzers doch bitte auf PUMA zu ändern, zumal von Industrieseite keine Einwände gemacht wurden. Struck lehnte die Vorschläge, u.a. vom damaligen Kommandeur BrigGen Christian Trull, strikt ab. Gerade noch rechtzeitig meldete sich dann überraschend ein Oberfeldwebel zu Wort und sagte: »Herr Minister! Wie Sie komme ich aus Uelzen. Ich fahre jeden Tag nach Munster und habe auf der Straße schon eine ganze Menge totgefahrener Igel gesehen, jedoch noch keinen Puma!« Das ganze Auditorium war sprachlos und verkniff sich das Lachen. Peter Struck – bekanntermaßen ein eher unkomplizierter Mensch mit empathischem Talent – grinste und sagte dann: »Wenn Euch das so am Herzen liegt, dann machen wir das so!«.

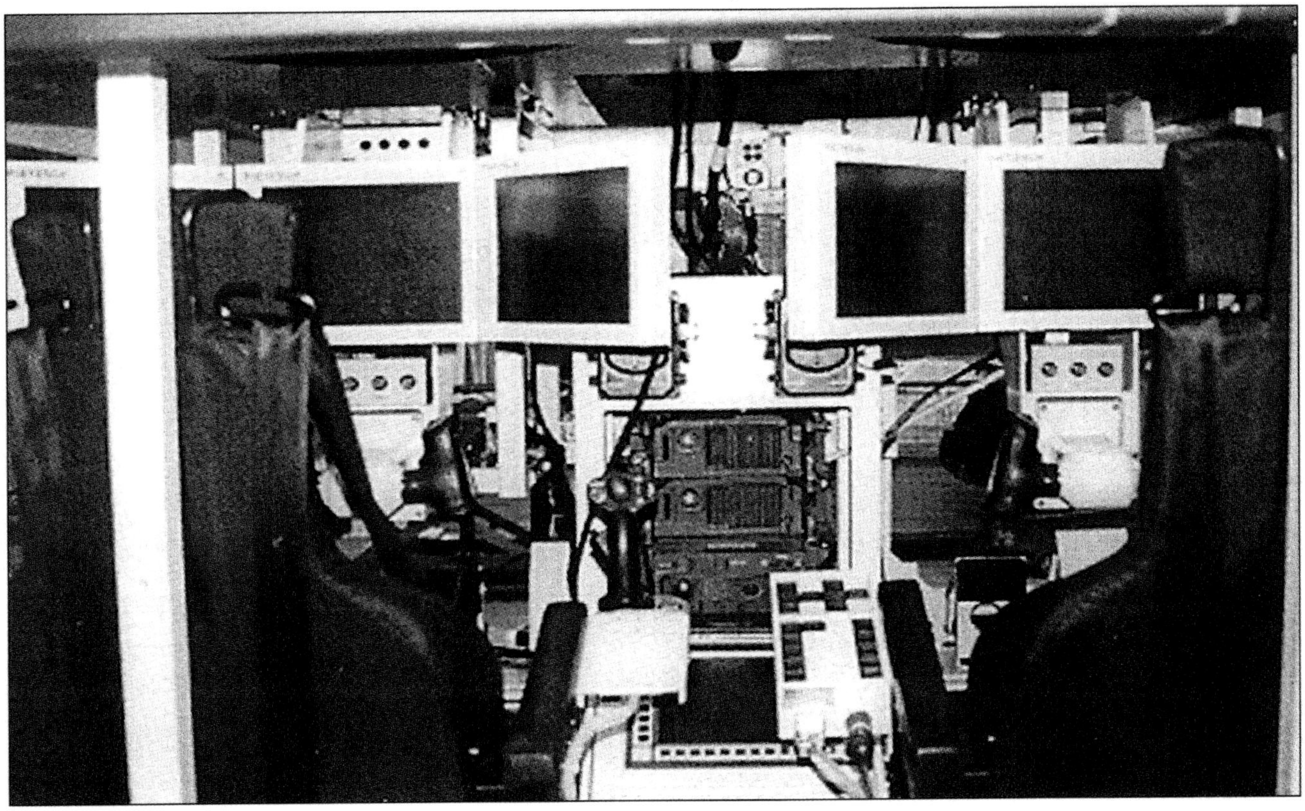

Möglicher Bedienstand Schützenpanzer IGEL

Schon sehr früh gab es konkrete Überlegungen für eine Besatzungsanordnung in der Wanne mit Monitorsichten wie hier bei einem 1998 veröffentlichten Schaubild. (KMW)

»Auf dem Markt« gab es zu der damaligen Zeit keinen Schützenpanzer, der sowohl im mittleren oder hohen Intensitätsspektrum mit den geforderten Leistungswerten bewältigen konnte. Entweder waren sie dem SPz MARDER 1A3 ebenbürtig oder aber schwächer. Somit musste eine Neuentwicklung vorangetrieben werden!

Die weiteren Überlegungen zum neuen Schützenpanzer zogen sich danach zeitlich in die Länge, weil wesentliche technische Änderungen und Anpassungen gravierende Auswirkungen auf vorgesehene (gewünscht niedrige) Beschaffungskosten haben. Dies alles war auch eine Ursache der deutlichen größer werdenden Kosten. Erst im August 2002 fiel dann die endgültige ministerielle Entscheidung zugunsten des neuen Schützenpanzers, gefolgt am 12.09.2002 durch die Zustimmung des Haushaltsausschusses. Zunächst wurden insgesamt 198,3 Millionen EURO Entwicklungskosten vorgesehen. Im Jahr zuvor war von Seiten der beauftragten Industrie die Firma Projekt System & Management (PSM) mit Sitz in Kassel gegründet worden, auch um latente konkurrierende Attacken im Zaum zu halten. Basierend auf dem am 20.09.2002 unterzeichneten Projektierungsvertrag verpflichtete sich die PSM, bis zum 31.05.2005 zunächst einen Gesamtsystemdemonstrator zu bauen sowie noch im vierten Quartal beginnend die ersten 20 Vorserienfahrzeuge zu fertigen. Weitere 390 Fahrzeuge sollten dann zwischen 2006 und 2010 der Truppe zulaufen, vorbehaltlich der damals noch ausstehenden parlamentarischen Zustimmung.

Die Gesamtzahl wurde durch äußere Rahmenbedingungen, insbesondere durch planbare Haushaltsmittel und der Fortschreibung des Bedarfs mehrmals reduziert. Ursprünglich waren 1152 Systeme als Bedarf für 14 aktive und 4 nichtaktive Bataillone mit je 64 SPz anerkannt worden. Ein erstes Los sollte dann ursprünglich 410 Fahrzeuge umfassen.

Entwicklung

Technologische Herausforderungen

Bereits in der Projektierungsphase wurde der Bedarfsträger eingebunden um Vorschläge zu machen. Die mitwirkenden Soldaten waren Angehörige der (damaligen) Gruppe Weiterentwicklung (WE) der PzTrS sowie Soldaten u.a. vom PzGrenLBtl 92. So fanden im Juni 2004 und im Februar 2005 Verstau- und Ergonomieuntersuchungen statt, an einem Holzmodell in Originalgröße. Neue Sichtsysteme wurden getestet u.a. sogenannte »rückblickende« Winkelspiegel sowie externe Kamerasysteme. In diese Untersuchungen war im September 2004 auch die WTD 41 in Trier eingebunden für praktische Fahrversuche unter Nutzung der Einbauten in MARDER-Fahrgestellen. In dieser Zeit gab es noch Befürchtungen, die Monitorsicht könnte während der Fahrt sogen. »Kinetose«-Effekte (vergleichbar mit Seekrankheit) hervorrufen. Auch wurde die Aufklärungsqualität – verglichen mit optronischer Außensicht – für noch unzureichend erachtet, nicht verwunderlich bei der damaligen mäßigen Bildqualität der beiden verwendeten Monitore.

Fotos des Holzmodells in der Anfangsphase der Betrachtungen zur Innenausstattung. (PSM)

Bild des Turmsystemdemonstrators T1 noch auf Fahrgestell des SPz MARDER. (PSM)

Zusätzlich sollten vorher beginnend (beauftragt im Dezember 2004) mehrere Subsystem-Demonstratoren gefertigt werden für die Anteile Schutz, Waffe und Munitionsfluss sowie einen Turm T1 zum Test des Waffeneinbaus, den T2 zum Einsatz der Optronik und Waffenstabilisierung, gefolgt vom T3 in einer (gewünschten) Endausführung. Hinzu kamen ein Fahrgestell F1 für Fahrversuche und ein F2 in (hoffentlich) finaler Ausführung. Das letzte F3-Fahrgestell sollte dann als Gesamtsystem-Demonstrator zur Verfügung stehen.
Dies alles zeigt, dass die Beschaffungsplanung für den neuen SPz komplex ablief. Umfangreiche Entwicklungs- und Anpassungsmaßnahmen waren in allen Bereichen des Demonstrators noch notwendig, und es gab eine ganze Reihe von sogenannten Phasenüberlappungen. Diese führten in der Folgezeit auch zu einer ganzen Reihe von zeitlichen Verzögerungen.
Die Aufgabenverteilung innerhalb der PSM erfolgte durch eine ganze Reihe von Unterauftragnehmerverträgen an die Systemhäuser von KMW und Rheimetall. So sollte die KMW den unbemannten Turm und das Laufwerk liefern, die RLS die Wanne und die RWM die Hauptwaffen- und Munitionsflusskomponenten.

Weitere **Unterauftragnehmer** waren unter anderem:
- MTU Friedrichshafen für das Triebwerk,
- Renk AG für das Getriebe,
- Diehl Land Systems lieferte Kette und Triebkränze,
- Dräger Safety die ABC-Schutzanlage,
- Klimaanlage von Rexxon,
- die Firma GuS lieferte die Winkelspiegel und Sichtblöcke Heckschutz, Aschenbrenner Elektronik die Außenkameras mit Nachtmodus,
- ATM ComputerSysteme fertigte die IT-Führungskomponenten, den KommServer und andere Komponenten,
- Bordverständigungsanlage (IP-fähig) von Thales Deutschland,
- ESW steuerte die EWNA sowie die Bordnetzversorgung bei,
- die Firma WITTENSTEIN lieferte elektromechanische Antrieb,
- der modulare ballistische Schutz (AMAP) kam (zunächst) von IBD Deisenroth Engineering, die seitlichen Reaktivschutzmodule von Dynamit Nobel Defence (DND), der Bomblet-(»IGEL«)-Schutz kam von Diehl Remscheid,
- das Multifunktionale Selbstschutz-System (MUSS) sollte von Airbus Defence & Space kommen, die auch zuständig

waren für die Waffenoptik, PERI und Wärmebildsystem,
- Kidde-Deugra stellte die Brandschutzsysteme bei.
- An Waffenanlage und Turmrichtantrieben waren Curtiss-Wright, Thyssen-Krupp Rothe Erde beteiligt,
- munitionsseitig Rheinmetall/Oerlikon Contraves.

Auch dieser Aspekt zeigt überdeutlich die Komplexität des Gesamtsystems und die daraus resultierenden technischen Herausforderungen mit Blick auf Interoperabilität und Systemverträglichkeit!
Zahlreiche Teilsysteme, jedes für sich hochkomplex und innovativ, mussten – wie ein Orchester – perfekt zusammenwirken. Der PUMA wurde zu einem »System der Systeme«.
Die jeweiligen Details sind in den folgenden Kapiteln der Systembeschreibung enthalten.

Der lange Weg zur Serienreife

Nach Genehmigung seitens des Haushaltsausschusses am 2. Dezember 2004 mit Freigabe von 350 Mio EURO für eine erste Fertigungsmarge folgte am 8.12.2004 der nächste Vertrag seitens des Beschaffungsamtes zur Lieferung von 5 Vorserienfahrzeugen (VS). Die damals prognostizierte Gesamtsumme von insgesamt 410 Fahrzeugen belief sich auf 3,05 Milliarden EURO.
PSM stellte am 20.12.2005 den ersten Gesamtsystemdemonstrator auf dem Flugplatz in Kassel-Calden dem Auftraggeber vor. Anlässlich des Jubiläums »50 Jahre Bundeswehr« wurde am 2. Mai 2006 einer der VS in Munster der Öffentlichkeit vorgestellt.

Zunächst wurden bei den Vorserienfahrzeugen im Heckbereich links und rechts neben der Hecktür noch je ein Schützenkampfstand vorgesehen (mit Sicht- und Schießöffnungen). Wegen deutlicher Schutzmängel wurde dies aber verworfen. (PSM)

Diese zwei Fotos des ersten Gesamtsystemdemonstrators zeigen bereits 2005 den grundsätzlichen Aufbau des künftigen Schützenpanzers (noch mit dem Fünfrollen-Laufwerk) (PSM)

Anlässlich des Jubiläums »50 Jahre Bundeswehr« wurde am 2. Mai 2006 einer der VS in Munster der Öffentlichkeit vorgestellt.

Nach den Tests der Turm- und Fahrgestell-Demonstratoren wurden ab Ende 2006/Mitte 2008 die fünf Vorserienfahrzeuge an den Wehrtechnischen Dienststellen (WTD) ausgiebig erprobt, zwecks Feststellen von Schwachstellen und daraus resultierendem Anpassungsbedarf.

Die VS wurden für folgende Prüfbereiche vorgesehen:

- VS 1 Feuerleitsystem
- VS 2 Turm
- VS 3 Wanne
- VS 4 Mobilität
- VS 5 Gesamtfahrzeug (z.B. EMC-Tests)

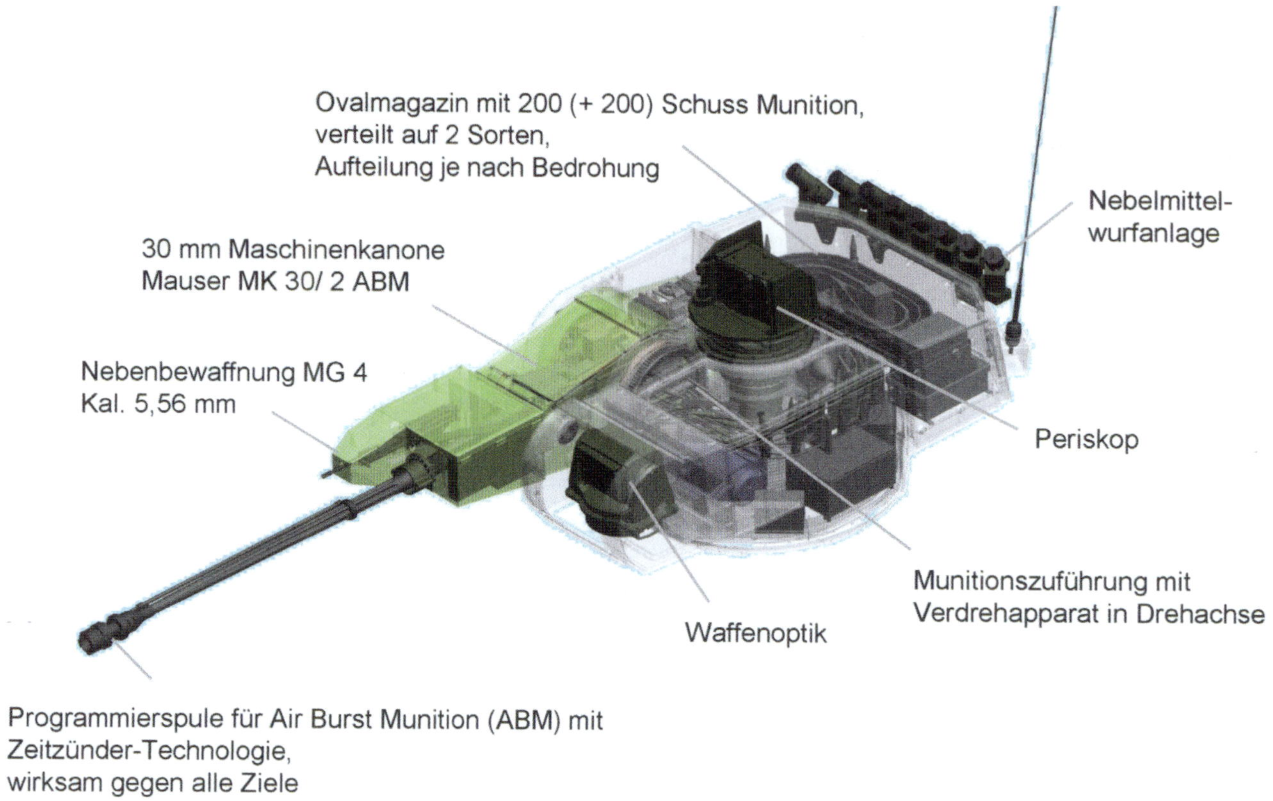

Schon in der ersten Auslegung entsprach der Turm weitgehend den Serienanforderungen. (Rhm)

Fotos von der Schießerprobung des VS 3 im März 2009 auf dem TrÜbPlatz BERGEN. (PSM)

Dieses Foto eines Vorserienmodels im Museum in Munster zeigt das für Tiefwatversuche angebrachte Rohr für die Luftansaugung Motorbrennluft und für den Besatzungsraum.

Der VS 3 bei der Erprobung im Tiefwatbecken der WTD41 mit einer entsprechenden Ausrüstung (Schacht auf der Kommandantenluke, davor der Schlauch für die Motorbrennluftansaugung und am Heck die Auspuffverlängerung. (PSM)

Am 16. Juni 2008 listete das VtgMinisterium in einem (fünften) Fortschrittsbericht eine Reihe von Mängeln auf, die zu einer etwa sieben monatige Projektverzögerung führten. Dies waren u.a. eine zu hohe Waffenstreuung (bedingt in der Lafettierung der Mauser-MK), thermische und mechanische Probleme des hydropneumatischen Laufwerks sowie mannigfaltige Software-Probleme (bei Teilfunktionen, aber insbesondere im Zusammenspiel zwischen Turm und Fahrgestell). Obwohl genau diese Software-Schnittstelle recht exakt definiert war, zeigte das Echtzeitverhalten auf, wie kritisch gerade dieses Interagieren tatsächlich (noch) war.

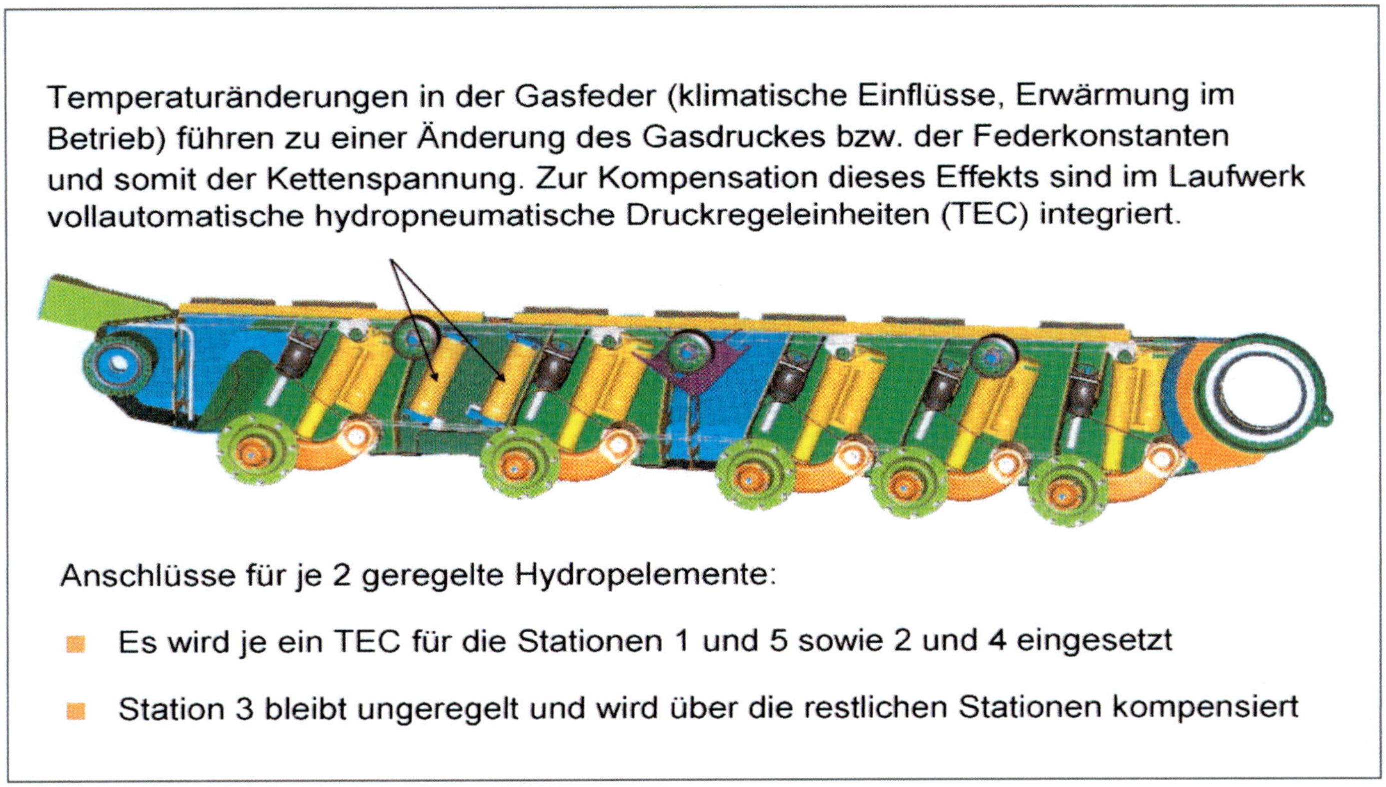

Integrierte hydropneumatische Druckregeleinheiten

Technisch anspruchsvoll war die Entwicklung des abgekoppelten Laufwerks mit den hydropneumatischen Funktionsanteilen. (KMW)

Die späteren Versuchsträger (hier der für die Mobilitätstestung mit Gewichtsplatten an der Seite) hatten dann das 6-Rollen-Laufwerk). (Oe)

Bilder eines der ersten (seriennahen) Systemdemonstrators im September 2009 bei der WTD 41. (Oe)

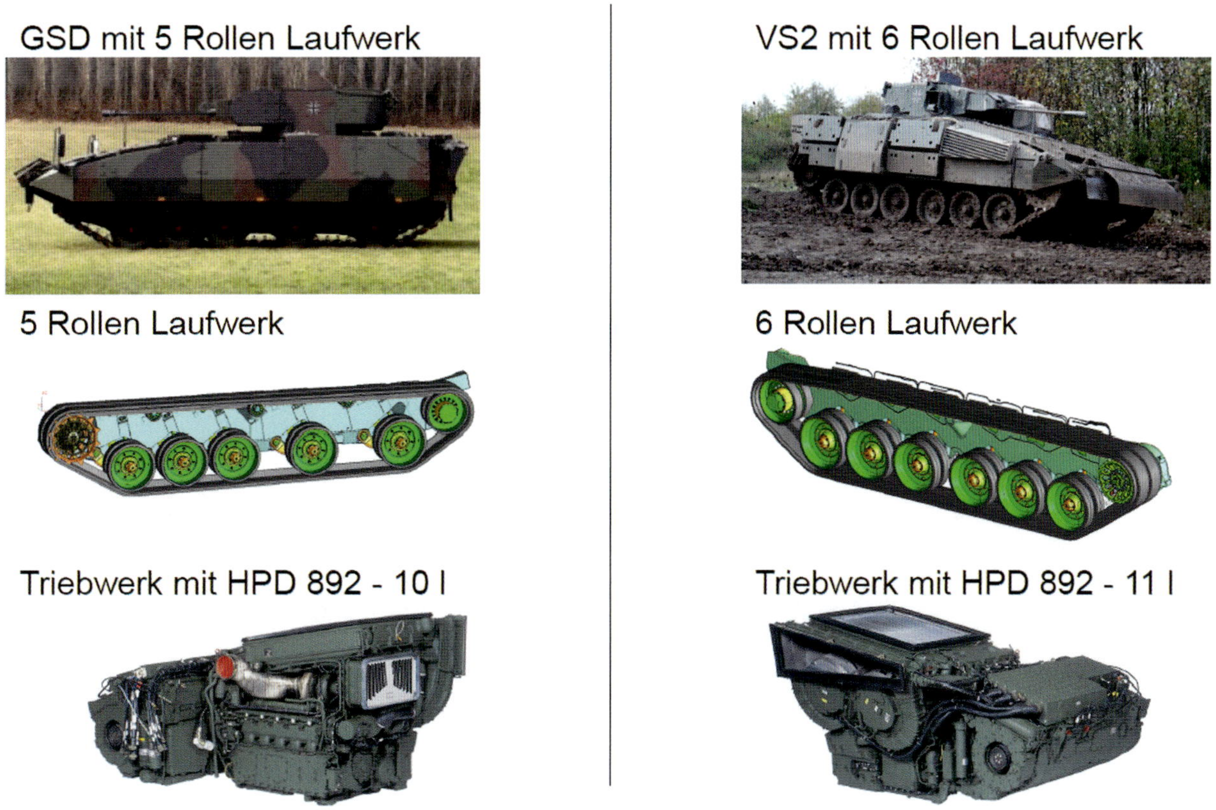

Hier der antriebsseitige Übergang hin zu den Vorserienfahrzeugen: (PS)

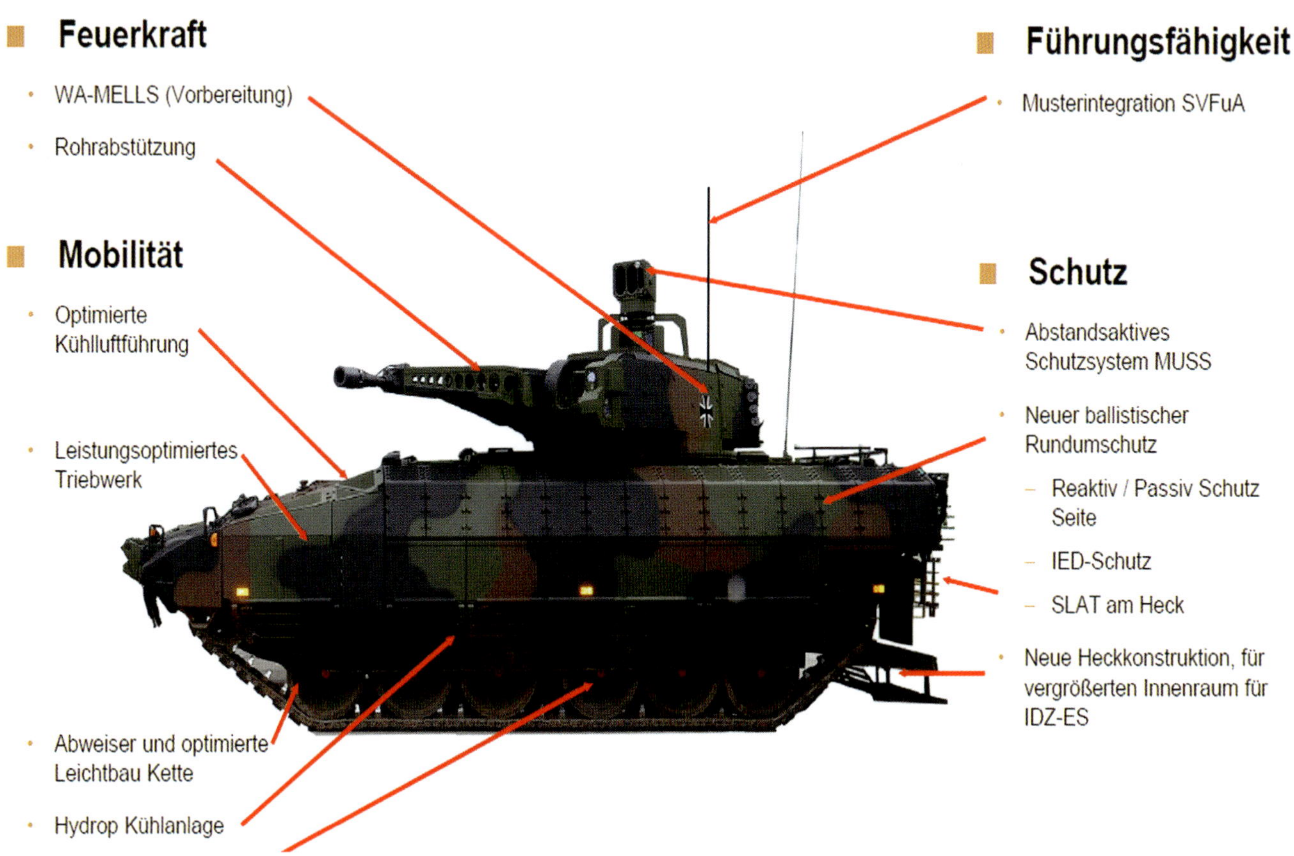

Dieses Schaubild zeigt wesentliche Verbesserungen hin zum Serienstand. (PSM)

Im Dezember 2008 wurde nach erfolgreichen Versuchen einer Prototypversion eines multifunktionalen Selbstschutzsystems (MUSS) (EADS 2006 damit beauftragt) der Serienauftrag erteilt. Die detaillierte Beschreibung erfolgt im relevanten Kapitel über die Bewaffnung.

Nach den technischen Erprobungen wurden ab 2009 auch Truppentauglichkeits- sowie logistische Tests durchgeführt. Im 6. Sachstandsbericht des BMVg vom 6. Mai 2009 wurden dann Probleme (mit den Hydrop-Elementen) am Laufwerk und am Antrieb gemeldet. Insbesondere diese Problembereiche

Foto der ersten Einrüstung des MELLS (kein Zweifachstarter) in den PUMA-Turm. (PSM)

sorgten für spürbare und langfristige Verzögerungen. Aus einem zunächst 5-Rollen-Laufwerk wurde zuletzt eines mit 6 Laufrollen.

Trotz Bedenken des Bundesrechnungshofes erfolgt Anfang Juli 2009 der Vertragsabschluss des BWB (Bundesamt für Wehrtechnik und Beschaffung) mit der PSM zum Serienstart und Auslieferung der ersten zwei Fahrzeuge Ende 2010 (49. KW). Dies war bemerkenswert, weil es ja noch keinen finalen Entwicklungsstand gab! Die Auslieferung an die Truppe sollte 2013 beginnen und bis 2020 abgeschlossen sein. Der Gesamtumfang betraf damals 405 Fahrzeuge, im Rahmen der sogen. Neuausrichtung der Bundeswehr erfolgte am 11. Juli 2012 dann in einem Änderungsvertrag eine Reduzierung auf 350 Schützenpanzer (inkl. acht Fahrschulpanzer) mit einem Gesamtvolumen von 5,989 Mia €. Da die sich erhöhenden Entwicklungskosten des Waffensystems in den Serienpreis mit einflossen, stieg somit der Beschaffungspreis eines einzelnen Fahrzeugs deutlich an.

Aufgrund des unterschiedlichen technischen Entwicklungsfortschritts einzelner Teilprojekte musste das Gesamtprojekt in einzelne Entwicklungsaufträge aufgeteilt werden, welche mit der Vorserie bzw. auch erst mit dem Serienanlauf selbst fertigungsreif und integrationsfähig wurden (oder sogar noch später). Beispiele hierfür sind die Panzerabwehrfähigkeit mittels der Waffenanlage MELLS oder auch die turmunabhängige Sekundärwaffenanlage (TSWA).

Nach Übergabe der ersten Serienfahrzeuge im Dezember 2010 wurde mit der Nachweisführung auf Ebene der Gesamtsysteme begonnen, die alle bis 2012 zulaufenden Fahrzeuge betraf. Insgesamt wurden als erstes neun Serienfahrzeuge für die integrierte Nachweisführung sowie die anstehenden Erprobungen gefertigt.

Zunächst betraf dies 2011 die Bereiche der Leistungsparameter der optischen und optronischen Sichtsysteme sowie deren Darstellung – bei Tag und Nacht - auf den verschiedenen Monitoren inkl. Winkelspiegel sowie Aspekte der Bedienbarkeit und Verstauung. Ebenfalls ging die Erprobung der MK-Serienwaffe in die entscheidende Phase. Im November 2011 begannen in der Rheinmetall-Klimakammer in Unterlüß die Untersuchungen der geforderten Hitze- und Kälteverträglichkeiten, die bis zum Frühjahr 2012 andauerten. Auch der Waffeneinsatz unter Extrembedingungen konnte aus der Klimakammer heraus im scharfen Schuss erfolgen. Anfang Januar 2012 wurden zwei Fahrzeuge für ein Vierteljahr nach Norwegen verlegt um dort nördlich des Polarkreises die geforderten Funktionalitäten auch unter extremen winterlichen Bedingungen unter Beweis zu stellen. Gleichzeitig erfolgten in der WTD 41 in Trier intensive Nachweisprüfungen in den Bereichen Mobilität an einem, später an einem zweiten Fahrzeug. In der WTD 91 Meppen wurde die waffenseitige Funktionalität ab November 2011 getestet.

Anspruchsvoll war der erste klimatische Härtetest in Norwegen bei extrem niedrigen Temperaturen. (PSM)

Facharbeitsgruppen	
FAG 1	Gesamtsystem, Koordination, Querschnitt inkl. Einsatzprüfung, Sicherheit, Umweltbedingungen,
FAG 2	Turm, Waffe, Munition, Mechanik
FAG 3	Schutz
FAG 4	Logistik
FAG 5	Ausbildungsmittel
FAG 6	Fahrgestell, Mechanik
FAG 7	Elektrik/Elektronik, Software
FAG 8	Ergonomie

Detaillierte Aufschlüsselung der Facharbeitsgruppen für die technischen Detailplanungen. (PSM)

Zur Analyse der Systemfähigkeit einzelner Baugruppen wurden eine ganze Reihe sogenannter Versuchsinstrumentarien TRAILER (Test Rig for Analysis and Investigation of Local Effects and Research) sowie TROSS (Test Rig for Occupant Safety Systems) eingesetzt.
Auch weitere Nachweise in den Bereichen Bedienbarkeit, Ergonomie, elektromagnetische Verträglichkeit, elektrische Sicherheit, Überlebensfähigkeit und Schutz folgten, zumeist parallel. Hierzu wurden diese Untersuchungen von einer »ad hoc Task Force« (ATF) unter Leitung des BWB in Kooperation mit der Industrie überwacht. Die konkreten Begutachtungen erfolgten in einer Reihe von Facharbeitsgruppen (FAG) bei der Industrie oder in den einzelnen WTDs.
Außerdem wurden 2012 die vorgesehenen Ausbildungsmittel (z.B. elektronische Effektsimulation) getestet. Im Bereich Logistik stieg die Technische Schule Landsysteme/Fachschule des Heeres für Technik (TSL/FSHT) Aachen zum Nachweis der Versorgungsreife des Systems mit bundeswehreigenen Kräften ein. Dabei ging es um die Benutzung der vielfältigen Sonderwerkzeuge sowie Mess- und Prüfgeräte (z.B. Justierausstattung für Waffe und Optronik, Prüfsensor für die ABM-Elektronik) und weiterer logistischer Prüffelder. Neben den PUMA-spezifischen Sonderwerkzeugen und Prüfgeräten wurde auch die Verwendbarkeit der bereits in der BW genutzten Mittel für Wartung und Instandsetzung auf Verwendbarkeit beim PUMA untersucht.
Parallel waren in Munster am Ausbildungszentrum Panzertruppen die Untersuchungen zur Einsatzprüfung zugange. Hierfür waren vorbereitend ab März 2013 Soldaten industrieseitig ausgebildet worden.
Im Jahr 2013 (II. und III. Quartal) liefen dann unter Gesamtleitung des Amtes für Heeresentwicklung (AHEntwg) in Köln die Einsatzprüfungen in den Bereichen Taktik und Logistik und anschließend die Hitzeerprobung in den Vereinigten Arabischen Emiraten. Ende 2013 war dann die sogenannte Genehmigung zur Nutzung (GeNu) nach Absolvieren aller erforderlichen Tests vorgesehen.
Die taktische Einsatzprüfung wurde ab Mitte Mai (bis Ende Juli) 2013 in Munster durch Soldaten der PzTrS sowie des PzGrenLehrBtl 92 mit einem Zug (vier SPz) (und anfangs an einem Einzelfahrzeug) durchgeführt. Wesentliche Inhalte waren

- Führung des Gesamtsystems sowohl auf- als auch abgesessen, auch im scharfen Schuss,
- Zusammenwirken mit abgesessenen Kräften, Bewegungen auf dem Gefechtsfeld,
- Fahrten im Gelände bei Tag und Nacht,
- Bewerten der Sichtmittel und des Lukenkonzepts,
- Überprüfung der Funk- und Führungsausstattung,
- Überprüfen der Ausbildungshilfsmittel Schießampel, Ausbildungsmündungsbremse und elektronische Waffeneffektsimulation,
- Durchführen des technischen Dienstes.

Folgende Defizite wurden festgestellt:

- Mangelnde Systemstabilität durch häufiges »Herunterfahren« des Systems (dies waren sozusagen die späten Wehen der getrennten Softwarepakete der Teilsysteme Turm und Fahrgestell),
- Optronische Sichtmittel genügen nicht den Anforderungen (insbesondere der Grad der Auflösung) an das Führen des Fahrzeugs im Einsatz »unter Luke«,
- Schnittstellenprobleme zwischen dem System IdZ-ES und den Kommunikations- und FülnfoSys.

Bild von der taktischen Einsatzprüfung durch das PzGrenLehrBtl 92. (PSM)

Von großer Bedeutung ist auch die logistische Einsatzprüfung um sicherzustellen, dass alle vom Nutzer selbst durchzuführende Arbeiten dokumentiert werden. (PSM)

Für den Bereich Sichtmittel beauftragte das BMVg im November 2013 die PSM bis Juli 2014 einen entsprechenden Demonstrator zusammenzustellen.

Der logistische Teil der Einsatzprüfung fand seit Anfang Mai bis Oktober 2013 in Aachen statt. Wesentliche Inhalte waren

- Gesamtbetrachtung der Instandsetzungstätigkeiten (beschrieben in der interaktiven elektronischen technischen Dokumentation (IETD),
- Überprüfung der Sonderwerkzeuge mit der Mess- und Prüfgeräteausstattung (SdWz/MuP),
- Bewerten der Austauschbarkeit von Systemanteilen, Baugruppen und Unterbaugruppen,
- Beurteilen der Arbeiten zur vorbeugenden Materialerhaltung (Durchsichten, Fristenarbeiten),
- Bewerten der Einstell- und Prüfarbeiten.

Hier ergaben sich Mängel bei den vorgestellten Sonderwerkzeugsätzen und den Mess- und Prüfmitteln und Mängel bei der IETD.

Das vorgesehene Integrierte Prüfsystem (IPS) stand erst 2014 zur Verfügung.

Auch hohe Temperaturen – hier in der Wüstenerprobung – stellen für Besatzung und Fahrzeug hohe Herausforderungen dar. (PSM)

Die Sommererprobung in den VAE ab Ende August (bis Anfang November) 2013 lief in drei Phasen ab. Zunächst wurde in den ersten sechs Wochen von Industrieseite aus die Belastung des Waffensystems beim Schießen aus dem Stand, dann aus der Bewegung sowie die thermische Standhaftigkeit der Sichtsysteme durchgeführt, gefolgt von einer Woche taktischer Schießübungen durch Panzergrenadiere. In der dritten Phase (ebenfalls in sechs Wochen) folgten intensive Mobilitätsuntersuchungen auf unterschiedlichen Untergründen durch Personal der WTD 41.

In der Folgezeit ergaben sich eine eher große Zahl von technischen Mängeln und Störungen, die dem Ruf des innovativen SPz PUMA beeinträchtigten. Die Gründe hierfür sind vielschichtig. Ein Aspekt waren die deutlich anspruchsvolleren Bedienanforderungen, signifikant oberhalb des Niveaus beim SPz MARDER, auch weil man den Ehrgeiz hatte, bzw. die Forderungen bestanden, die sogenannte »Produktsicherheit« sozusagen auf ein »ziviles« Niveau zu bringen. Es galt die Forderung, dass ein Soldat in Bezug auf die Produktsicherheit nicht schlechter gestellt sein darf als ein Zivilist, der vielleicht mit einem Rasenmäher umgeht. Hier sei die Frage gestattet, ob es denn sinnvoll ist, ein Gefechtsfahrzeug derart »sicher« auszulegen, dass der Panzer nicht mehr die Waffe abfeuern kann, nur weil eine Luke sich nicht schließen lässt oder der entsprechende Sensor an der Luke defekt ist.

Diese technischen Vorgaben hatten mit der Einsatzrealität zum Teil wenig zu tun und führten teilweise zu nachvollziehbarer Überforderung der unter Stress agierenden Besatzung und auch zu Bedienfehlern. Zum Beispiel sind allein an der Kommandantenluke fünf Sensoren verbaut worden. Auch waren die Baugruppen der funktionalen Sicherheit anfangs nicht verlässlich und auch nicht nachvollziehbar bedienbar. Auch störseitige Überbrückungen und Ersatzbetriebsabläufe waren noch verbesserungsbedürftig. Taktische Erfordernisse (z.B. jederzeitiger Waffeneinsatz und dgl.) haben Vorrang. Es gab daher frühzeitig die bedienerseitige Forderung, Sicherheitsfunktionen in Gefechtslagen schlicht überbrücken zu können. Dies führte zwangsläufig zu Kontroversen zwischen Auftraggeber und Nutzer! Die ausführende Industrie saß sozusagen »zwischen den Stühlen«.

Diese Meinungsverschiedenheiten und daraus resultierenden Funktionsmängeln schadeten dem Projekt zunächst sehr und schreckte zudem andere Interessenten ab! DIN-Kriterien und übertriebene bedientechnische Limitierungen bzw. Zusatzschaltungen beeinträchtigen die taktische Einsatzfähigkeit eines Systems.

Hier wird deutlich, wie kritisch es ist, technisch machbare Sicherheitseinrichtungen nicht mit dem notwendigen Augenmaß einzufordern. Sicherungen bestanden bislang fast ausschließlich aus mechanischen Vorrichtungen, die bestimmte Funktionen oder Abläufe schlicht und vor allem einfach blockierten. Diese waren für die Besatzungen schnell zu verstehen und sehr einfach zu überbrücken.

Später wurden auch elektrische/elektronische Sicherheitsmechanismen eingebaut, die zwar stärker in das System eingriffen, aber noch gut zu verstehen waren. Welche MARDER-Besatzung kennt nicht den Trick, einen elektrischen Schutzgitterkontakt mittels einer Büroklammer zu überbrücken?

Beim PUMA jedoch sind die (Un-)Sicherungen für unzählige Teilfunktionen durch Elektronik und Software tief in das System eingebunden. Die vollständigen Zusammenhänge und Wirkungsweisen der Sicherungssysteme sind für die Besatzungen kaum zu verstehen. Es ist jedoch auch nicht notwendig, Schaltpläne auf Ebene der Besatzung nachzuvollziehen. Dieses Sicherungssystem kann auch nicht mehr »überlistet« werden. Im zivilen Umfeld mag das sinnvoll sein. Im Gefecht entstehen so aber Schwachpunkte für die Sicherheit des Gesamtsystems und seiner unter hohem Stress stehenden Bediener.

Das Gesamtsystem war durch sein integriertes Prüfsystem »sicherer«, wenn alles, was technisch maximal überwachbar ist, auch zur Abschaltung von Funktionen oder Teilfunktionen führt, jedoch entspricht dies nicht dem taktischen Rational an einen Schützenpanzer.

Die technischen Probleme im industriellen Fertigungsprozess der ersten Startplattform für die Waffenanlage MELLS (Mehrrollenfähiges Leichtes Lenkflugkörpersystem) konnten nach den ersten Erprobungen Mitte 2015 bei der WTD 91 in Meppen abgestellt werden. Jedoch verzögerte sich dieses Teilsystem zunächst um 32, später auf insgesamt 44 Monate, so dass die Einrüstung erst in die 40 VJTF-Fahrzeuge beginnend ab 2018 erfolgte. Erst nach der Beauftragung zum Hochrüsten auf den S1-Stand sind wieder SPz PUMA mit MELLS ausgestattet worden.

Ab dem Jahr 2014 lief die Fertigung der Serie beim Rheinmetall-Werk in Unterlüß sowie dem KMW-Werk in Kassel auf insgesamt ca. 50 SPz pro Jahr hoch. Jedoch musste aufgrund o.g. zahlreicher Sachmängel mehrmals sogenannte Nachfristen zu deren Beseitigung eingeplant werden, was die Auslieferung an die Truppe verzögerte. Mit Beginn Juni 2014 wurden die SPz PUMA aus der Serienfertigung jeweils an die neu gebildete Einführungsorganisation (EFO) an der PzTrS geliefert. Ab Mitte Januar 2015 wurde durch die Industrie zur Unterstützung der EFO ein ca. 10 Mann umfassendes »Vor-Ort Unterstützungsteam PUMA« in Munster etabliert – zur Durchführung von Fristen- und Instandsetzungsarbeiten sowie zur Abwicklung von Gewährleistungsanmeldungen - sowie bei der PSM Kassel eine ständig erreichbare »Einsatzzentrale«.

Auch fähigkeitserweiternde und weitere einsatzrelevante Nachrüstungen ließen das Budget der sogenannten »Zusatzleistungen« von zunächst rund 152,9 Mio € auf (Stand 30. Juni 2014) um weitere rund 512,9 Mio € steigen, vorbehaltlich noch ausstehender Nachweise. Im August 2014 wurden in Munster noch eine Reihe von Einsatz-Nachprüfungen durchgeführt. Die Erteilung der militärischen Betriebserlaubnis erfolgte am 17.04.2015.

Hier eine Übersicht der entscheidenden Phase zum Erreichen der GeNu (Genehmigung (zur) Nutzung). (PSM)

Der SPz Puma wurde zunächst in einer Anfangsbefähigung (Initial Operational Capability – IOC) beschafft, um mit der Ausbildung der Truppe im Jahr 2015 beginnen zu können.

Zwei SPz PUMA wurden in Unterlüß zunächst vorgeführt – auch im scharfen Schuss – und anschließend zur Besichtigung freigegeben. (PSM)

Erst am 24. Juni 2015 war es soweit: Die Industrie übergab den ersten Schützenpanzer Puma in der Nutzungsstufe 1 offiziell an die Bundeswehr. In einer statischen und einer dynamischen Vorführung wurde zuvor den etwa 150 Gästen aus Industrie, Politik und Bundeswehr das künftige Kampffahrzeug der Panzergrenadiere vorgestellt und anschließend offiziell an die Bundeswehr übergeben.
Generalleutnant Rainer Korff, der Kommandeur Deutsche Anteile Multinationale Korps und Militärische Grundorganisation, nahm symbolisch den ersten »Zündschlüssel« für das Deutsche Heer in Empfang. Der Serienstand umfasste zunächst nur die »Nutzungsstufe« 1. In dieser Stufe kann eine erste Umschulung der Schützenpanzerbesatzungen (Marder) erfolgen. Die Instandsetzungsunterstützung erfolgt weitgehend nur durch die Industrie, basierend auf entsprechende Instandsetzungsrahmenverträge (IRV) am Ende des I. Quartals 2015, gefolgt im II. Quartal von entsprechenden Verträgen für die Technisch-Logistische Betreuung (TLB).

Übergabe des (etwas zu großen?) Zündschlüssels an die Besatzung vom PzGrenLehrBtl 92.

Einer der ersten Serienfahrzeuge des neuen Schützenpanzers 2015 in MUNSTER. (PSM)

In der Nutzungsstufe 2 startet die normale Truppenausbildung bis zur Zugebene sowie erste lehrgangsgebundene Ausbildungen. Die Ausbildung bis zur Kompanieebene erfolgt in der Nutzungsstufe 3, auch unter Einbeziehen der Führungsinformationsanteile. Details sind im späteren Abschnitt »Ausbildung« enthalten.
Bis zur nächsten Nutzungsstufe 4 wird dann – mit entsprechender Einsatzreife – das Gefecht der verbundenen Waffen geübt, also bis zur Ebene des (mit anderen Kräften) verstärkten PzGrenBtl.
Die höchste Stufe beinhaltet, neben der erfolgreichen Integration der WA MELLS, auch die Verbesserung der Führungsfähigkeit und schließt mit der gegebenen Einsatzreife die Verwendung in der Nutzungsstufe 5 ein. Hier ging man damals perspektivisch von etwa 2018/19 aus.
Damit war vorherbestimmt, dass der SPz MARDER noch sehr lange in Nutzung bleiben muss!

Bis August 2016 waren insgesamt 66 SPz (plus 5 FSchPz), bis Ende 2017 mehr als 70 weitere PUMA ausgeliefert. Bis 2020 sollten dann alle vereinbarten Fahrzeuge ausgeliefert werden. Noch nicht final abgeschlossen waren die Kaderausbildung Logistik bei der Industrie, die Lieferung der vorgesehenen Ausbildungsmittel (AM) Schießampel, Ausbildungsmündungsbremse und Elektronische Waffensimulation sowie des Ausbildungsmittels für Schieß- und Gefechtssimulation, welches als Systemintegriertes Ausbildungsmittel (SIAM) mit dazugehörigen Kabinen konzipiert war und die AM für die Ausbildung des Instandsetzungspersonals.

Im internationalen Umfeld fanden im Juni/Juli 2017 Vergleichserprobungen von fünf SPz PUMA mit anderen Konkurrenten (ASCOD 2, CV90 und LYNX KF41) in Tschechien statt, mit deutlichem ergebnisseitigen Vorsprung des SPz PUMA vor den Konkurrenten.
Am 12. Juli 2017 wurden von Seiten des BAAINBw mit der PSM weitere vier Verträge im Gesamtvolumen von ca. 370 Mio EURO geschlossen für umfangreiche Systemanpassungen in den Bereichen Sichtmittel der Bedienstände als Ersatz der veralteten Schwarzweiß-Displays mit deutlich höheren Auflösungen, Serienreifmachung der TSWA, periphere Anteile (Logistik und Ausbildungsmittel) für das MUSS sowie weitere Ausbildungssysteme für die Turmbedienung. Details sind in den jeweiligen Kapiteln »Beschreibung« enthalten. Bis 2020 sollten zunächst drei erste Fahrzeuge ausgeliefert werden. Danach sollte zügig die Serienspezifikation festgelegt werden, für die TSWA ab 2023. Auch die Fertigung elf neuer Ausbildungsanlagen Turm, zuzüglich der Anpassung des Vorserienmodells in Munster, wurde beauftragt.
Bis Anfang 2018 erfolgten dann die Untersuchungen auf Truppenverwendbarkeit des SPIKE LR-Panzerabwehr-Lenkflugkörpersystems in der WA MELLS, mit dem nach und nach auch die bereits ausgelieferten Fahrzeuge ausgestattet werden mussten (gilt für zahlreiche Systemanteile!).
Ab 2018 sollten auch die ersten SVFuA-Einrüstungen als digitale Führungsausstattung erfolgen, perspektivisch für die dann S1 titulierte Variante (dazu später mehr). Erste MELLS-Einrüstungen sollten ab I. Quartal 2019 folgen, der Sichtmittel-Ersatz Turm ab IV. Quartal 2019. Für die Sichtmittel Wan-

Fotos von der Erprobung in Tschechien mit anspruchsvollen Geländefahrten einschließlich Halt und Wiederanfahren am Hang mit 60° Steigung. (PSM)

ne war die Integration noch nicht absehbar. Erwartet wurde dies nicht vor 2024. Damit war der Stand der Gesamtkosten im Jahr 2021 auf mittlerweile 4,504 Mia EURO angestiegen. Diese Summe umfasst freilich die gesamte Entwicklung des modernsten Schützenpanzers der Welt sowie die Fertigung sämtlicher Fahrzeuge.
Im Juni 2019 wurde durch das BMVg die Beschaffung eines 2. Bauloses mit 210 Fahrzeugen bekanntgegeben, zu einem Vertragsabschluss kam es jedoch nicht.

Den beobachtenden Nationen wurden im Juli 2017 in Tschechien alle Fähigkeiten des PUMA vorgeführt. (PSM)

Modernisierungsphasen

VJTF-Variante

Für die Nutzung des »Systemverbunds Panzergrenadier« mit dem SPz PUMA und der Soldatenausstattung »Infanterist der Zukunft erweiterter Satz« (IdZ-ES für **alle** Aufgaben mussten also weitere Fähigkeiten in das Fahrzeug integriert werden. So wurden für die 2023 anstehende Befähigung für die Aufgabenwahrnehmung in der NRF (L) 2022-24 (kurz VJTF Ausstattung) Anfang 2019 eine ganze Reihe weitergehende Forderungen für den PUMA gestellt und – nach Beauftragung durch das BAAINBw) in Angriff genommen.
Dies umfasst u. a. eine angepasste Führungsmittelausstattung sowohl für den Puma als auch das System IdZ-ES. Auch mussten umgehend die bei den Einsatzprüfungen Mitte 2020 festgestellten umfangreichen Mängel abgestellt werden. Nach einer erneuten Einsatzprüfung im Februar 2021 wurde dann im März die Gefechtstauglichkeit durch den Inspekteur des Heeres festgestellt.
Im Bereich des Fahrzeugs war final die Integration der WA MELLS vorgesehen, die Verbesserung der Sichtmittel im Bereich des Turms und anteilig Wanne, außerdem wurde ein zusätzlicher Datenkanal (Schleifring) zwischen Turm und Wanne geplant und die Nutzung des Battle Management Systems (BMS) des IdZ-ES als zentrales Führungsinformationssystem bis auf Kompanieebene. Darüber hinaus war die Einrüstung von modernen digitalen UHF-, VHF- und SatCom-Funkgeräten vorgesehen.
Zur Herstellung der Führungsfähigkeit des IdZ-ES wurde die Anpassung der »elektronischen Rücken« erforderlich. Hierzu waren die vorhandenen Bestandssysteme mit einer neuen Hard- und Software auszustatten, basierend auf den Entwicklungen der laufenden Folgebeschaffung.
Um eine operationelle Verfügbarkeit von zwei Panzergrenadierkompanien, das sind 28 SPz Puma im Jahr 2021, zu gewährleisten, wurde die Anpassung von insgesamt 41 SPz und zehn Zugsystemen IdZ-ES aus dem Bestand vorgesehen.
Im Juni 2023 führte die Panzerbrigade 12 »Oberpfalz« aus Cham zusammen mit ihren Verbänden einen großen Übungsplatzaufenthalt zur Erhöhung der Einsatzbereitschaft und Vorbereitung auf den Einsatz in Litauen im niedersächsischen Bergen durch – genannt »Grantiger Löwe 2«. Mit dabei war auch eine Kompanie vom Panzergrenadierbataillon 112 aus Regen, das Bataillon, bei dem es auch im Dezember 2022 zu »pressewirksamen« Ausfällen gekommen war (die sich als eher banal herausstellten und am Folgetag bereits behoben wurden).
Auf dem Weg vom S0 zum S1 stellt der PUMA VCTF sozusagen ein Meilenstein dar. Darüber hinaus ist es genau dieser PUMA VJTF, dem nach zahlreichen Feldtests im Frühjahr 2021 auf dem TrÜbPlatz Bergen die Einsatztauglichkeit bescheinigt wurde. Der PUMA S0 hat sie nie bekommen – er ist noch nicht mit den Lenkflugkörpersystem MELLS ausgestattet, nutzt, anders als der PUMA VJTF, keinen Digitalfunk, weist Unterschiede beim Führungssystem auf (die ihn dahingehend inkompatibel mit dem PUMA VJTF machen) und hat auch in Sachen Optroniken einen Nachteil gegenüber der neueren Version.
Nach hoher und insbesondere durchgängiger Belastung der SPz PUMA VJTF mit Märschen, Gefechtsdienst, Schießübungen und dem Leben im Felde im Verfügungsraum, alles bei extremer Hitze und der staubigen Lüneburger Heide, konnten alle 14 Schützenpanzer der übenden Kompanie zum großen Finale, dem Kompaniegefechtsschießen, antreten und hielten durch.
Ein Ausfluss aus der Nachbetrachtung der Ausfälle der PUMA VJTF im Dezember 2022 waren zahlreiche Nachrüstungen, genannt »Härtungsmaßnahmen« der bestehenden Fahrzeuge, die abgeschlossen wurden, bevor das Panzergrenadierbataillon 112 nach Bergen verlegte. Unter anderem wurde bei der Kraftstoffversorgungsanlage und bei der Software nachgebessert, welche umfassende Updates erhielten. Diese und andere neuralgische Punkte, die im Rahmen einer minutiösen technischen Fehlerquellensuche ermittelt worden waren, konnten ein halbes Jahr später somit »gehärtet« werden. Dazu gehörte auch der Austausch von zahlreichen in der Vergangenheit oft störanfälliger CAN-Knoten (Controller Area Network; die Knoten dienen quasi als Steuergerät in einem CAN-Netzwerk und reduzieren die Menge an Kabelbäumen).
Zum ersten Mal mit dem Spz PUMA wurde auf dem »Grantigen Löwen 2« auch das komplette logistische Konzept über alle vier Ebenen – inklusive der Schaffung und des Einsatzes einer Großgerätereserve – abgebildet und geübt.
Die verschiedenen logistischen Ebenen, von der Bergung ausgefallener Fahrzeuge aus dem Gefechtsfeld durch Bergepanzer des Bergetrupps, über den Brigadeversorgungspunkt

(Brigade Support Area, BSA) mit den Instandsetzern vom Versorgungsbataillon 4 aus Roding und schlussendlich der sogenannten »Logistischen Basis im Einsatzland«, bemannt durch verschiedene Bataillone vom Logistikregiment 1 aus Burg, konnten somit alle für ein Panzergrenadierbataillon relevanten Ebenen abgebildet werden. Bei Bedarf stand auch die Industrie als permanente parallele Unterstützung bereit.

Der SPz PUMA VJTF hat nicht nur im Vergleich zu seinem Vorgänger, dem PUMA S0, eine Fähigkeit zur Vernichtung von Kampfpanzern (MELLS-Einrüstung) und bessere Optroniken hinzugewonnen, sondern auch Verbesserungen beim Funk und beim digitalen Führungssystem. Das ist wichtig, denn den PUMA haben von Anfang an nicht nur seine bessere Motorisierung und seine vollstabilisierte Waffenanlage dem Schützenpanzer MARDER gegenüber überlegen gemacht, sondern auch seine digitalen Führungssysteme, die benötigt werden, um auf den Gefechtsfeldern der Zukunft bestehen zu können.

Der PUMA VJTF hat andere Antennen als der PUMA S0 – drei statt einer – und ist damit neben der MELLS links in Fahrtrichtung am Turm eindeutig und auf den ersten Blick von diesem zu unterscheiden. Das dazugehörige Digital- und Kryptofunkgerät ist im Magazin verbaut und wird durch ein Bedienelement im hinteren Kampfraum von der Besatzung gesteuert. Zusätzlich hat der PUMA VJTF noch ein SEM 90 verbaut, um mit Fahrzeugen der Bundeswehr, die noch keinen Digitalfunk verwenden, kompatibel zu sein.

Ebenso wie beim PUMA drei unterschiedliche Ausführungen gemeint sein können (S0, VJTF, S1), muss bei der Verwendung des Begriffs SitaWare zwischen drei Elementen differenziert werden. SitaWare TacNet, SitaWare Fontline und SitaWare Headquarters/HQ – alle drei sind SitaWare, alle drei sind Battle Management Systems (BMS). Es bietet sich also an, nicht von SitaWare zu sprechen, sondern von TacNet, Frontline, oder HQ, um hinreichend genau zu sein.

TacNet ist das Führungssystem, welches auf den einzelnen SPz PUMA VJTF zum Einsatz kommt. Auf Führungsfahrzeugen des Panzergrenadierbataillons und dem Gefechtsstand hingegen läuft Frontline. Brigadegefechtsstände und aufwärts arbeiten hingegen mit HQ.

Das ist nicht willkürlich so: TacNet und Frontline sind eher für die Lagefestellung im laufenden Gefecht optimiert, HQ für die Planung und für Befehlsausgaben. Operationspläne lassen sich besser und intuitiver mit HQ erstellen und anschließend auf Frontline übertragen, als anders herum. Über TacNet kann der Kompaniechef (und wer sonst noch an das System angebunden ist), die Eigenpositionen seiner Manöverelemente in Echtzeit verfolgen (»Blue Force Tracking«).

Verschiedene Systeme bergen die Herausforderung, unterschiedliche Bedienoberflächen zu haben. Diese Unterschiede sind bei TacNet, Frontline und HQ vorhanden, aber nicht so umfangreich, als dass man sie nicht mit Ausbildung überwinden könnte. Problematischer kann es bei den Schnittstellen aussehen, also der Frage, ob die drei Systeme automatisch miteinander kommunizieren und ihre Daten mit den jeweils anderen teilen. Das war bisher noch nicht ohne Weiteres der Fall, lässt sich aber mit ein wenig Improvisation herstellen.

Zudem konnte bei der Übung »Grantiger Löwe 2« erreicht werden, dass TacNet die Eigenpositionen der Schützenpanzer und auch der abgesessen kämpfenden Trupps automatisch und in Echtzeit auf Frontline übertrug. Damit aber auch der Bataillonsgefechtsstand diese Daten empfing, musste mit einem zusätzlichen Funkgerät »improvisiert« werden. Das Versenden von Lagefeststellungen (also bereits interpretierte und zusammengefasste Informationen zu Art, Stärke und Verhalten von feindlichen und eigenen Kräften) von einer Frontline-Ebene zur anderen war per Funk ebenfalls möglich.

Leider gab es hierfür noch keine automatische Schnittstelle zu HQ. Dafür kreierte man eine »Drehstuhlschnittstelle« – ein Bediener auf dem Brigadegefechtsstand übertrug die Informationen händisch von einem mit Frontline-bespielten Computer auf sein HQ Lagebild. Somit kamen alle Führungsebenen ohne größeren Verzug an das aktuelle Lagebild. An einer automatischen Schnittstelle musste also noch gearbeitet werden.

Dieser digitale Führungsverbund steigert den Gefechtswert des Einzelfahrzeugs und besonders den von Führungsverbund auf allen Ebenen signifikant. Während früher noch bis tief in die Nacht alle Kompaniechefs, Zugführer und Panzerkommandanten in Handarbeit Operationspläne von Kartenwänden auf ihre eigenen Handkarten abgepaust haben, werden diese heute einfach verschickt. Dazu muss man nicht einmal das schützende Fahrzeug PUMA VJTF verlassen, oder bei Dunkelheit durch unbekanntes Gelände fahren, um einen Gefechtsstand zu finden. Selbst wenn Sendeverbot herrscht, um durch feindliche Elektronische Kampfführung nicht aufgeklärt zu werden, wird Zeit gespart: ein Melder mit Datenstick ersetzt hier das Abmalen der Informationen auf den angesprochenen Kartenbrettern.

Ein leistungsfähiger digitaler Führungsverbund erhöht aber nicht nur die Effektivität der damit ausgestatteten Truppe, durch seine deutliche Effektivitätssteigerung in allen Belangen schafft er auch eine taktische Überlegenheit und trägt dazu bei, dass mit deutlich weniger Verlusten an Mensch und Material agiert wird, aufgrund es krassen Vorsprungs in allen Belangen der Informationsgewinnung und -verarbeitung!

Bereits zu dieser Zeit war klar, dass der **Rüststand VJTF** nur ein (wesentlicher) Zwischenschritt zum (vorerst finalen) Serienstand sein würde, der später mit **S1** bezeichnet wurde. Folgerichtig wurde dies dann auch als Zwischenschritt 1 benannt. Im Zwischenschritt 2 sollte dann bis 2025 das Erreichen der kompletten aufgabenorientierten Ausstattung der kompletten Panzergrenadiertruppe und den Einstieg in die

Dieses Schaubiild zeigt die wesentlichen Neuerungen vom S0 zum VJTF-Stand. Hinzu kamen noch die Rundumsichtkameras vorn und hinten. (PSM)

Bild von der ersten Einsatzerprobung Anfang 2021 beim neu ausgestatteten PzGrenBtl 112. Ein zweites Bergeseil auf dem Bug kam hinzu. (PSM)

Ebenfalls 2021 nahm die Truppe die Waffenanlage MELLS erstmals in Nutzung. (PSM)

Heckansicht mit den drei Funkantennen des PUMA: zwei auf dem Turmheck, eine rechts hinten auf dem Wannenheck. (PSM)

Anfang 2023 fand auf dem TrÜbPlatz BERGEN dann die finale taktische Einsatzprüfung für die VJTF-Variante statt. (PSM)

Ablösung der noch vorhandenen SPz MARDER gemeistert werden. Der anvisierte Serienstand mit **S2** als Fortschreibung der Weiterentwicklung wurde mit der FOC Studie beauftragt, um das zukünftige Entwicklungspotential des SPz PUMA und dessen Kostenbedarf zum Erreichen FOC in allen Fähigkeiten festzulegen.

Das folgende Ziel mit der vollzogenen Ablösung aller MARDER und dem Nachweis der Einsatzreife der kompletten PUMA-Flotte soll dann bis 2031 ihren Abschluss finden. Hierzu bedürfte es der Beauftragung von weiteren Systemen.

Nach Freigabe der Haushaltsmittel Ende 2022 wurde die PSM am 24. April 2023 beauftragt, nun auch die restlichen 143 SPz PUMA des 1. Loses im Wert von 770 Mio EURO zu modernisieren. Hierbei handelte es sich um die Realisierung von zwei Optionen, die in einem Vertrag zur Nachrüstung der bisherigen SPz auf den neuen Konstruktionsstand S1, welcher bereits am 28. Juni 2021 mit der PSM abgeschlossen war, mit der Zielperspektive 2026. Dies verschob sich nun bis 2029.

Fortgeschrittener Serienstand S1 und darüber hinaus

Die neue Puma-Variante S1 zeichnet sich – gegenüber der Version S0 - unter anderem durch die Integration abstandsfähiger Effektoren wie des Mehrrollenfähigen Leichten Lenkflugkörpersystems (MELLS), durch zusätzliche Sensoren wie das neue Fahrersichtsystem und eine verbesserte Führungsarchitektur aus. Das nochmals leistungsgesteigerte Rundum- und Fahrersichtsystem leitet das Ende der Ära des Winkelspiegels ein. Erstmalig kann die gesamte Besatzung bei Tag wie bei Nacht »durch die Panzerung« sehen. Der Fusionsmodus verbindet die Tagessicht mit dem leistungsstarken Wärmebild und ermöglicht die frühzeitige Aufklärung getarnter Ziele bei Tag wie bei Nacht. Der Puma ist somit das erste westliche Gefechtsfahrzeug, das serienmäßig mit einem solchen System genutzt werden kann.

Neu sind auch die Digital-Ausstattungen des PERI RTWL sowie der WAO, die eine verbesserte Sensorleistung im mittel- und langwelligen Infrarotbereich bieten und eine präzisere Zielerfassung bei allen Sichtverhältnissen ermöglichen. Die bewährten glasoptischen Kanäle werden durch Full-HD-Tagsichtkameras ergänzt, was die Leistungsfähigkeit des Systems deutlich erhöht. Gleichzeitig verfügt das System über fortschrittliche Videoverarbeitungsfunktionen und bietet eine Rundumsicht mit einem stabilisierten Sichtfeld, das sowohl für Beobachtungen aus der Ferne als auch aus dem Nahbereich geeignet ist. Das System unterstützt die »Spotter-Shooter«-Funktion und ist damit ideal für dynamische Kampfmodi mit verbundenen Akteuren.

Gegenüber der Version VJTF 2023 werden noch elektronische Komponenten modernisiert. Die Ausstattung mit SEM-Funkgeräten (SEM 80, SEM 90, SEM 93) wird durch die neue digitale querschnittliche Streitkräftegemeinsame Verbundfähige Funkgeräteausstattung (SVFuA) ersetzt. Die Bordverständigungsanlage SOTAS IP wird durch die aktuellere Version SOTAS IP6R erweitert. Das explosionssichere GPS-Navigationssystem ERGR (Explosion Resistant GPS Receiver) wird durch das Nachfolgesystem ERGR II ersetzt.

Am 15. Mai 2023 wurde eine Bestellung von weiteren 50 PUMA im Finanzumfang von 1,6 Mia EURO bekanntgegeben. Zuvor wurde in einem Rahmenvertrag mit PSM durch das BAAINBw sozusagen die Absicht bekräftigt, bis zu 229 SPz PUMA auf den Konstruktionsstand S1 hochzurüsten Nach der Entscheidung zur Aufstellung zweier Verbände mit BOXER-Ausstattung der sogen. »Mittleren Kräfte« ergab sich eine neue Bedarfsberechnung von insgesamt 111 PUMAs. Somit sind aktuell noch 61 offen.

In den aktuellen Bestellungen sind noch weitere Leistungen enthalten, unter anderem Sonderwerkzeugsätze, ein großes Ersatzteilpaket sowie acht Flugphasen-Simulatoren für die MELLS-Ausbildung. Dies alles soll ab Ende 2025 bis Anfang 2027 erfolgen.

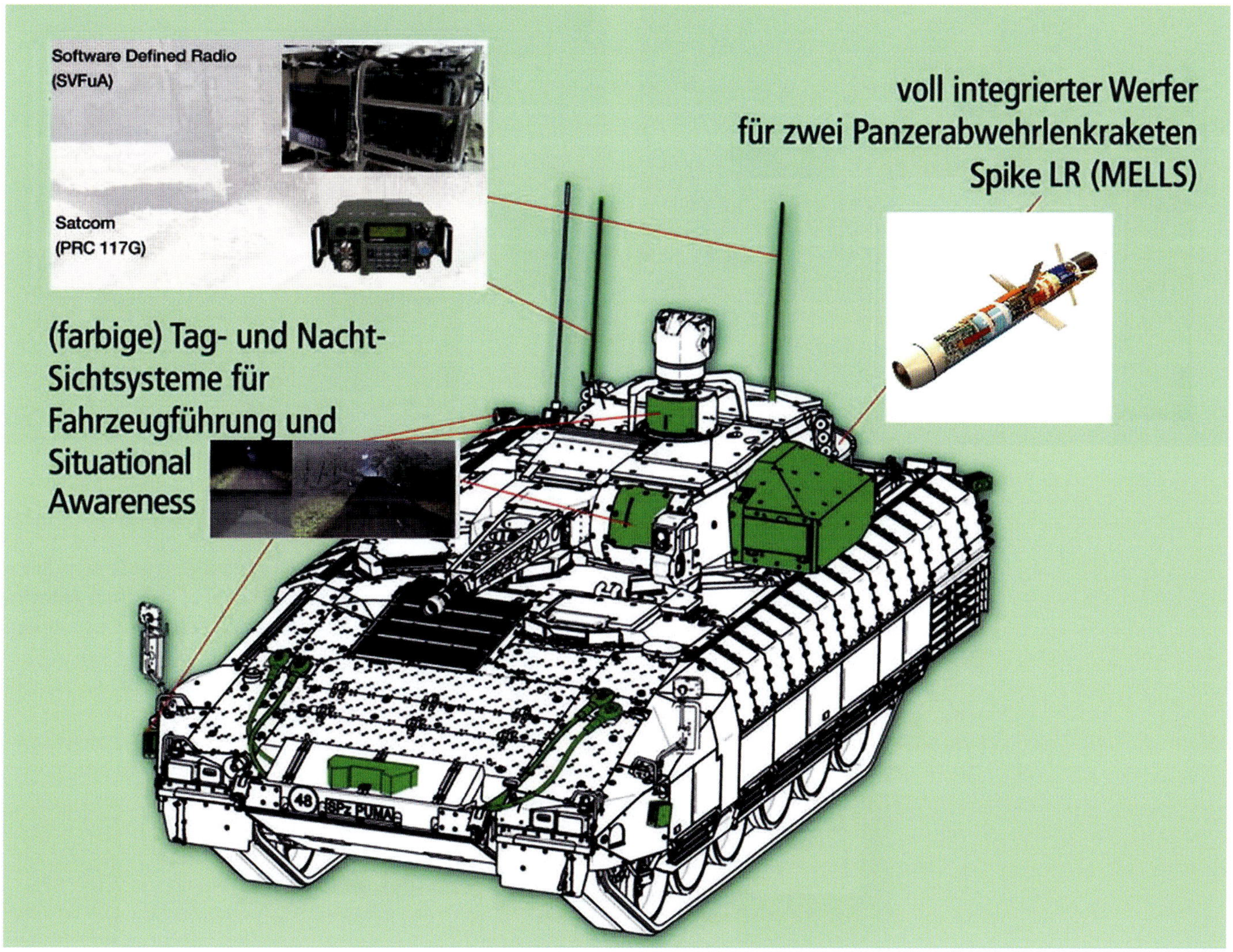

Diese Skizze zeigt wesentliche Systemänderungen der Variante S1. (PSM)

Kurz vor Abschluss der Manuskriptarbeiten zu diesem Buch im Frühjahr 2025 gelangen Stabsfeldwebel Friedrich Wilhelm Körner auf dem Truppenübungsplatz Munster diese tollen Drohnenaufnahmen des PUMA S1.

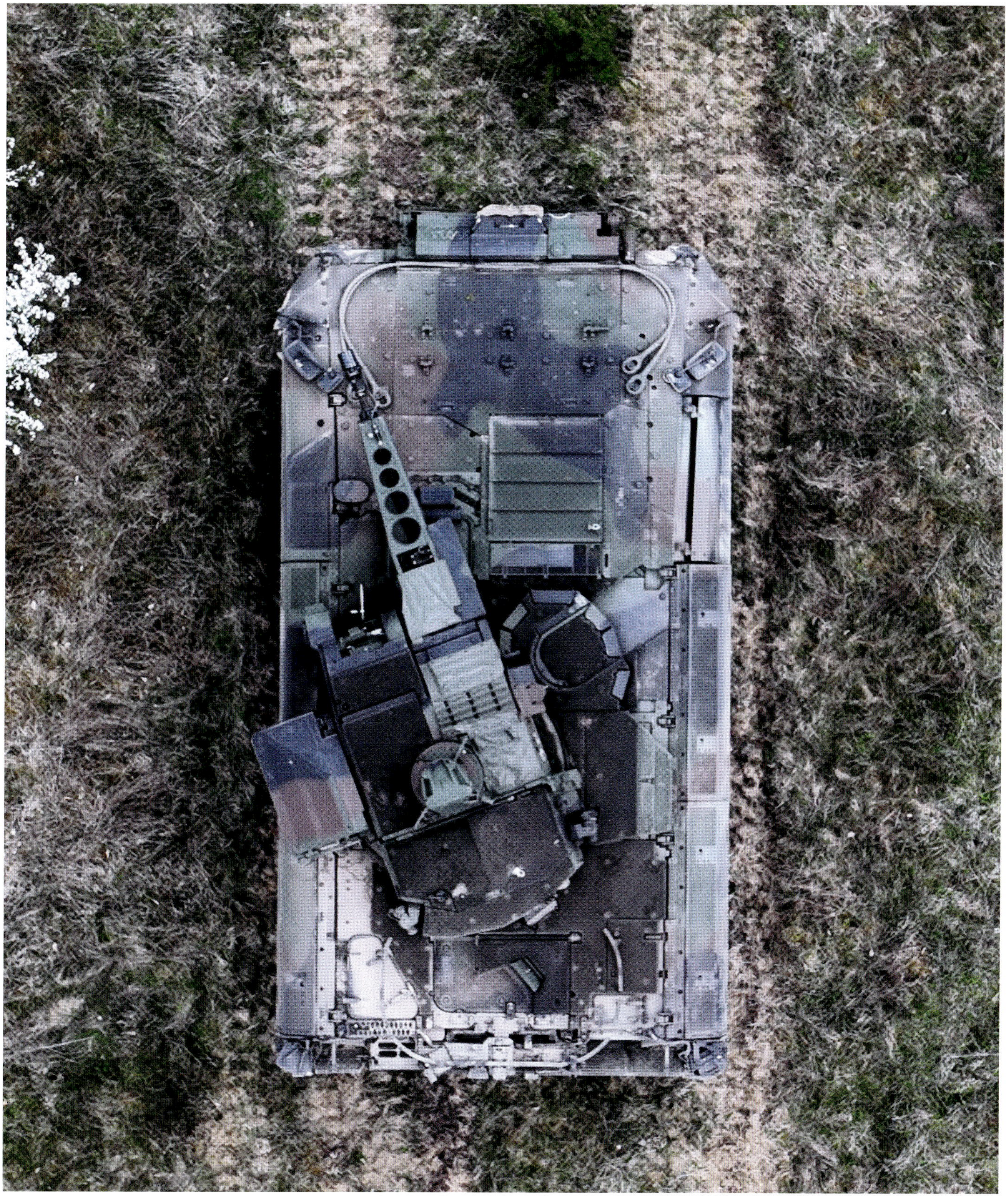

Walkaround

Rundumansichten von der neuesten Fahrzeugvariante S1. Sie zeigen die neue Anordnung der Rundumkameras, jeweils mit doppelter Sichtrichtung (vorwärts und seitlich) an der vorderen und hinteren Ecken. Das Fahrzeug weist den Schutzlevel »G« auf, Standard für den Ausbildungsbetrieb. Noch nicht eingerüstet ist die TSWA am rechten Fahrzeugheck.

Als weitere, von außen erkennbare wesentliche Neuerung wurde auch der über dem Periskop angebrachte neue MUSS 2.0 Jammer bereits vorgestellt. Alle derzeit in Produktion befindlichen Fahrzeuge des 2. Loses werden mit MUSS 2.0 ausgestattet. Gegenüber der Vorgängerversion zeichnet sich MUSS 2.0 durch weniger Gewicht und einer kleineren Silhouette bei gleichzeitiger Steigerung der Fähigkeiten aus.
Das System besteht aus vier passiven Sensorköpfen mit jeweils einem Raketen- und Laser-Warnsensor, einer Zentraleinheit, einem weiterentwickelten Laser-basierten IR-Jammer sowie einer Gegenmaßnahmen-Einheit zum Ausstoß von pyrotechnischen Täuschkörpern.
Mit dem Sensorverbund kann das System nach Angaben von Hensoldt neben Bedrohungen wie draht- und lasergelenkten Panzerabwehrlenkflugkörper nun auch Leuchtspurgeschosse, Panzerfäuste, Mündungsfeuer und Beschuss durch Wuchtgeschosse detektieren.

Montage eines PUMA-Turms mit der neuen MUSS 2.0-Variante auf einem älteren Fahrgestell. (Hensoldt)

MUSS 2.0 sei darüber hinaus in der Lage, Laser mit geringer Leistung, wie sie bei einer Leitstrahllenkung (engl. Beam-rider) und Laser- Entfernungsmesser der zweiten Generation vorkommen, richtungsgenau zu erfassen und zu klassifizieren. Speziell Panzerabwehrlenkflugkörper können nach Angaben des Herstellers durch den IR-Jammer gestört und damit abgewehrt werden. Die vom System gewonnenen Daten können demnach in das »Battle Management System« eingespeist werden, um die Bedrohung besser bekämpfen zu können. MUSS 2.0 kann laut Hersteller dabei mehrere Bedrohungen gleichzeitig erfassen, gemäß Gefährdung priorisieren und semi-, bzw. vollautonom bekämpfen. Über die Möglichkeit einer Anpassung der Bedrohungsdatenbank sei eine kontinuierliche Kampfwertsteigerung sichergestellt, um auch zukünftigen Bedrohungen begegnen zu können.

Nahaufnahme vom neuen IR-Jammerkopf sowie links daneben ein Laser-Leitstrahlsensor für damit gesteuerte Lenkflugkörper. (Hensoldt)

Darüber hinaus wird an einer signifikant gesteigerten akustischen Sensorausstattung (unterhalb des IR-Jammers) gearbeitet. (Hensoldt)

Turmunabhängige Sekundärwaffenanlge TSWA

Alle S 1-sowie die VJTF-Pumas verfügen über eine Vorrüstung zur Aufnahme der **TSWA** an der rechten hinteren Wannenseite (Nachrüstung im Zuge einer Werksinstandsetzung). Diese Waffenstation eines richtbaren 40-mm-Granatwerfers erhöht den Eigenschutz des Fahrzeuges im Nahbereich. Die TSWA kann dazu letale und nichtletale 40-mm-Granaten verschießen.
Die vollstabilisierte Waffe verfügt über eine eigene 360-Grad-Tag-und-Nachtsicht-Optik samt Laserentfernungsmesser. Die Kampfentfernung beträgt bis zu 400 Meter. Die Kadenz wird mit drei Schuss pro Sekunde angegeben.
Gesteuert wird das System aus dem Inneren des Fahrzeuges mithilfe eines einfach zu handhabenden Bedien- und Anzeigegerätes. Im Wesentlichen durch Soldaten des hinteren Kampfraum eingesetzt, wird dazu ein Handcontroller in Kombination mit einem Display verwendet. Dadurch soll sichergestellt werden, dass die Waffenanlage unabhängig von anderen an Bord befindlichen Waffensystemen bedient werden kann (Killer-Killer-Fähigkeit). Beim Absitzen des Schützentrupps wird das Bedien- und Anzeigegerät an den vorderen Kampfraum übergeben.

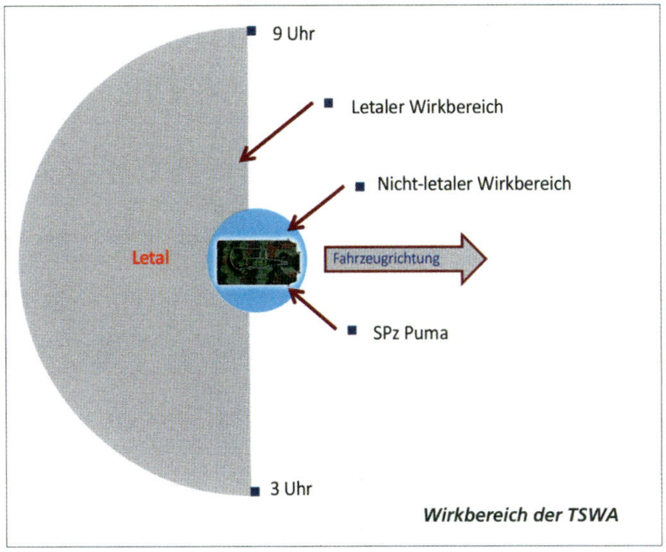

Wirkbereiche der Turmunabhängigen Sekundärwaffenanlage (TSWA), bei der es sich um einen richtbaren 40-mm-Granatwerfer handelt.

Mit dem transportablen Bedien- und Anzeigegerät (BAG) der TSWA lässt sich die Waffenanlage unabhängig von anderen an Bord befindlichen Systemen bedienen. (Rhm)

Fotos der rechts hinten montierten TSWA, links im Betriebs- und rechts im Ruhemodus (siehe auch Foto Seite 55 l.o.). Darüber rechts am Turm die Nebelmittelwurfanlage. (PSM)

Das Beobachtungssystem ist sowohl mit einer hochauflösenden Videokamera, als auch mit einem Wärmebildgerät ausgestattet und während der Fahrt einsetzbar. Für den Abschuss wird die Zielentfernung von einem Laserentfernungsmesser ermittelt und an das System weitergegeben. Der Aufsatzwinkel stellt sich automatisch ein, sodass nach Anwahl der zu verwendenden Munitionssorte sofort Feuerbereitschaft gegeben ist.

Die einfache Bedienbarkeit unter Panzerschutz sowie die eskalationsfähige Waffenwirkung gegen Gegner auch hinter Deckungen und in oberen Stockwerken erhöhen die Wirksamkeit und den Schutz der Panzergrenadiere unter anderem beim Einsatz in urbanen Operationen. Durch die zusätzliche Beobachtungsmöglichkeit der TSWA kann sich der Schützentrupp noch unter Panzerschutz vor dem Absitzen ein optimales Bild vom Gelände machen. Die TSWA erweitert somit die Fähigkeiten der Panzergrenadiere beim schnellen Wechsel der auf- und abgesessenen Kampfweise.

Weiterhin befähigt die TSWA die Soldaten des hinteren Kampfraumes zur Wirkung mit Kampfmitteln unter Panzerschutz in Ergänzung zum klassischen (riskanten) Kampf über die Bordwand. Dies stellt einen wesentlichen Fähigkeitszugewinn beim »Sturm und Einbruch« sowie beim »Durchstoßen« von Hinterhalten dar.

Die Kampfbeladung der TSWA besteht aus je 18 letalen sowie nichtletalen Wirkkörper, wobei die letalen Granaten in einer äußeren, sich drehenden Trommel der TSWA aufmunitioniert sind, während die nichtletalen Granaten (NLW) in einer fixen Trommel in der TSWA-Mitte untergebracht sind. Wobei das NLW-Modul PSM zufolge gegen Module mit anderer Funktion austauschbar ist. Als nichtletale Wirkmittel können beispielsweise Nebel-, CS- oder Flash-Bang-Granate - auch in Form einer Mischbewaffnung - bis ca. 60 m Entfernung zum Einsatz gebracht werden.

Nach Aussage von PSM ist die TSWA vorbereitet, um auch zukünftige Medium-Velocity-Munitionstypen der 40-mm-Granate (40 x 46 mm) verschießen zu können. Zudem besteht eine Upgrade-Fähigkeit zum Verschießen von tempierbarer 40-mm-Munition.

Die Tarnwirkung der Nebelpatronen setzt rasend schnell ein. Die Nebelwand verdeckt nicht nur die direkte Sicht, sondern verhindert auch die Aufklärung mittels Wärmebildsensorik.

Technische Beschreibung

An der traditionellen Konfiguration von Schützenpanzern hat sich bislang weltweit wenig geändert. Das Fahrzeug besteht aus zwei Bereichen mit den Schwerpunkten Zielbekämpfung und Transport eines Schützentrupps, der nur zeitweise eigenständige Aufträge erfüllt. Zunächst voll ausgelastet ist die Turmbesatzung (mit eng angebundenem Kraftfahrer) mit den - unstrittig - wichtigen Aufgaben der Zielaufklärung und der Beobachtung des Geländes. Kämpft der Schützentrupp abgesessen, so ist er häufig auf sich gestellt, weil das Verbindunghalten sowie die Lagedatenkenntnis eher unzureichend ist/war.
Dies stellt sich beim Schützenpanzer PUMA deutlich anders dar! Schon aufgrund der Tatsache, dass auch die »Turmbesatzung« in der Wanne platziert ist, ergeben sich innovative Ansätze, was den Lagedatenaustausch untereinander betrifft. Dies hat zur Folge, dass jegliches Zusammenwirken - auch mit Nachbarpanzern - signifikant rascher abläuft und besonders auch für alle umfassender. D.h. schon vor dem Absitzen haben die abgesessen vorgehenden Kräfte einen guten Zugang zu Lagedaten, mit denen sie auch fortwährend fern ab dem Schützenpanzer versorgt werden. Die Zeichengebung »über Luke« - wie früher - zu einem Nachbarfahrzeug freilich »fehlt«.
Dies alles wird sichergestellt durch sehr leistungsfähige Ziel- und Beobachtungssysteme bei Tag und eingeschränkter Sicht und einem digitalen Lagedatenaustausch auf allen relevanten Ebenen, auch zur Optimierung der Führungsfähigkeit. Hierbei spielt das Zusammenwirken vom Schützenpanzer PUMA und dem Soldatensystem Infanterist der Zukunft im System Panzergrenadier eine herausragende und einmalige Rolle.
Die (zumeist negativ dargestellte) lange Entwicklungsdauer hatte eindeutig den positiven Effekt, dass technogische Innovationen in allen Bereichen konsequent eingerüstet wurden und damit die Leistungsfähigkeit deutlich gesteigert wurde. Erkenntnisse, die man durch den Gesamtsystem-Demonstrator und die Vorserienmodelle gewonnen hat, wurden zu überaus wirkungsvollen Optimierungsanteile für die nachfolgenden Serien(sub) systeme, auch dank der frühen Einbindung des Nutzers. Hinzu kam, dass die bereits eingangs erwähnten Vorgaben bzgl. des »Netto«-Gewichts ebenfalls günstige Konzeptlösung hinsichtlich des Fahrzeugaufbaus, der Auslegung des Schutzes sowie der Antriebskomponenten triggerten.
Diese und weitere technologische Faktoren machen den Schützenpanzer PUMA mit Abstand zum gegenwärtig leistungsfähigsten Schützenpanzer der Welt. Diese sind u.a. ein besonders hoher Schutz und eine herausragende Beweglichkeit.
In den folgenden Abschnitten werden die einzelnen Bereiche detailliert dargestellt.

Fahrzeugkonzept

Trotz der Gewichtsvorgaben waren die (berechtigten) Forderungen nach einer hohen Überlebensfähigkeit des Waffensystems sowie hohem Schutz für die Besatzung zu erfüllen.
Maßgebliche gewichtsbestimmende Faktoren bei jeder Systemauslegung sind die Abmessung und die Form der Fahrzeugwanne. Dies muss einerseits alle Komponenten eines Fahrzeugs wie Antrieb mit Kraftstoffbevorratung, Bewaffnung inkl. Munitionsvorrat, Klimatisierung und Schutzbelüftung, sowie die Besatzung und deren Ausrüstung aufnehmen. Andererseits bildet es die tragende Struktur, für den Turm, das Laufwerk und die Schutzelemente. Insbesondere die Schutzauslegung ist zur Erfüllung der o. g. Forderungen und Fähigkeiten prägend für das Systemgewicht. Gemeinsam mit der Fahrzeugwanne sorgen ein optimaler Minenschutz, ein hoher Schutz gegen KE-Projektile, gegen IED und Hohlladungen sowie ein zusätzlich adaptierbarer Bombletschutz für ein stimmiges Gesamtschutzkonzept. Diese Schutzleistungen sind aber nur unter Inkaufnahme hoher Flächengewichte umsetzbar.

Um das Gesamtgewicht dennoch möglichst gering zu halten, wurde von vornherein ein möglichst kleines Nutzvolumen mit entsprechend kleinen zu schützenden Flächen bedacht. Diese Überlegungen führten auch dazu, dass man einen besatzungslosen Waffenturm in Erwägung zog. Diese Option stieß beim Nutzer durchaus auf Ablehnung aus mehreren Gründen. Zu dieser Zeit bestand große Skepsis, dass man mit einem ferngesteuerten Turm und einer im Wannenbereich positionierter Bedienung den bisherigen Stand der Beobachtungs- und Zielbekämpfungsfähigkeiten erreichen könnte. Hilfreich waren bereits zu dieser Zeit für die weitere Kampfwertsteigerung des KPz LEOPARD 2 sehr innovative Sichtsysteme im Versuchsstadium sowie erste Prototypen für autonome Sekundärbewaffnungen.

Bild aus der Fertigung zeigt das Basisgehäuse mit Schraubplatten für Hohlräume und Wartungsöffnungen. (PSM)

Bei der Fertigstellung der Wannen- und Turmgehäuse sind eine ganze Reihe präziser Schweißarbeiten erforderlich. (PSM)

Diese Skizze zeigt die additiven Schutzanteile an der Wanne und dem Turmdach. (PSM)

Diese beiden Fotos verdeutlichen ausdrucksvoll den Größenunterschied zwischen dem besatzungslosen PUMA-Turm und einem Zweimann-Turm bei einem traditionellen Zweimann-Turmkonzept, z.B. beim CV90.

Entscheidender Vorteil eines ferngesteuerten Turms war, dass mit einem solchen Systemkonzept die Wannenlänge gegenüber einem konventionellen System mit bemanntem Turm reduziert und somit das zur Verfügung stehende Nutzvolumen effizienter genutzt werden konnte. Darüber hinaus war es möglich, den Fokus bei der Schutzauslegung auf die gesamte Besatzung zu legen und den Schutz der Waffenanlagen im Turm auf das Notwendigste zu begrenzen.
Abgeleitet aus der Forderung nach Luftverladbarkeit in der A400M und der Möglichkeit, einen bedrohungsgerechten Schutz **modular** aufzurüsten, wurden unterschiedliche Konfigurationen für den SPz PUMA definiert:

- Fahrzeug in Konfigurationsstufe A (ehemals Schutzstufe 1) optimiert auf den Lufttransport (Fahrzeugtransportgewicht ~ 31,45 t),
- Fahrzeug in Konfigurationsstufe C (Combat. ehemals Schutzstufe 2) optimiert für den Gefechtseinsatz bei max. Schutz (Gesamtfahrzeuggewicht bis 43 t),
- eine weitere Schutzart ist der Grundschutz (Kurzbezeichnung G-Schutz) für den normalen Ausbildungsdienst, um die Schutzkomponenten (Reacktivmodule und Passivelemente) vor unnötigen Beschädigungen im Ausbildungsbetrieb zu schützen und die Absicherungsauflagen zu reduzieren (Gewicht ohne Besatzung und Bordausstattung mit vollem Tank 37,36 t).
- Ursprünglich wurde noch die Schutzstufe 3 als Erhöhung des Schutzlevels aus Schutzstufe 2 gefordert, welche jedoch mit der Serienkonstruktionsfestlegung in der Konfigurationsstufe C einfloss.

Der modulare Aufbau des Schutzkonzeptes bietet darüber hinaus insbesondere bzgl. Seiten, Turm- und Dachschutz die Möglichkeit, rasch auf sich ändernde Bedrohungslevel reagieren zu können, ohne die Konfigurationsstufe A für den Lufttransport antasten zu müssen.

Die Herstellung der Einsatzbereitschaft in Schutzstufe C nach dem Lufttransport umfasst u.a. die Restanteile der Ausrüstung, Anteile des Fahrgestellschutzes und den Turmschutz. Der Minenschutz, der Frontschutz und einzelne innen liegende Schutzpakete sind fest im Fahrzeug eingebaut und verbleiben auch beim Lufttransport im Fahrzeug.

Weiteres Merkmal des SPz PUMA ist neben den großvolumigen Seitenschutzpaketen, die asymmetrische Anordnung des Turms auf der Wanne. Diese wird durch den Einsatz des besatzungslosen Remote Controlled-Turmes möglich und bietet folgende Vorteile.

Durch die Platzierung des Bedienstandes für den GrpFhr rechts vorn neben dem Turm wird eine bestmögliche Sicht über Luke und Winkelspiegel am Turm vorbei sowie nach hinten realisiert. Um die Sichtverhältnisse nach hinten für den GrpFhr zu maximieren, erfolgt die versetzte Anordnung des Turmes auf der Wanne so weit nach links wie es das Transitlademaß für die Bahnverladung zulässt. Erst durch eine asymmetrische Anordnung ist das Absitzen über die Luke für den GrpFhr möglich. Diese Luke fungiert - neben der Dachluke für den Schützentrupp und der Heckklappe - ein zusätzlicher Notausstieg.
Durch diese Anordnung erhält der GrpFhr freie Sicht nach hinten zum SchtzTrp, wodurch sich zusätzlich sehr gute Kommunikationsverhältnisse ergeben. Eine Einweisung des TrpFhr in Lage und Auftrag durch den GrpFhr ist mit Sichtkontakt direkt möglich. Im Regelfall erfolgt die Einweisung mittels Battle Management Systems im Fahrzeug unter Schutz. Auch das Absitzen des Kommandanten erfolgt taktisch über die Heckklappe um den Schutz auszunutzen.

Durch die Anordnung der Turmkomponenten mit Seitenrichtantrieb, Schleifring und Glasoptik des PERI ergibt sich im Innenraum eine optimierter Raumausnutzung als bei mittiger

Bei »normaler« Turmstellung auf 12 Uhr können sowohl der Fahrer wie auch der »Kommandant« aus den Luken schauen, wie hier bei der Parade in Vilnius am 25.11. 2023.(M. Dorow)

Anordnung des Turmes. Somit wurde zusätzlicher Stauraum erzeugt und die Sitzverteilung in der Fahrzeugwanne verbessert.

Unter dem Turm verbleibt somit zusätzlicher Stauraum. Dies hat den Vorteil einer effizienten und flexibleren Verstauung gegenüber der Alternative verschiedener Stauorte im Fahrzeug. So wird der Raum unterhalb des Turms optimal für die Kernbesatzung mit ihren Bediengeräten und weiteren Stauraum genutzt.

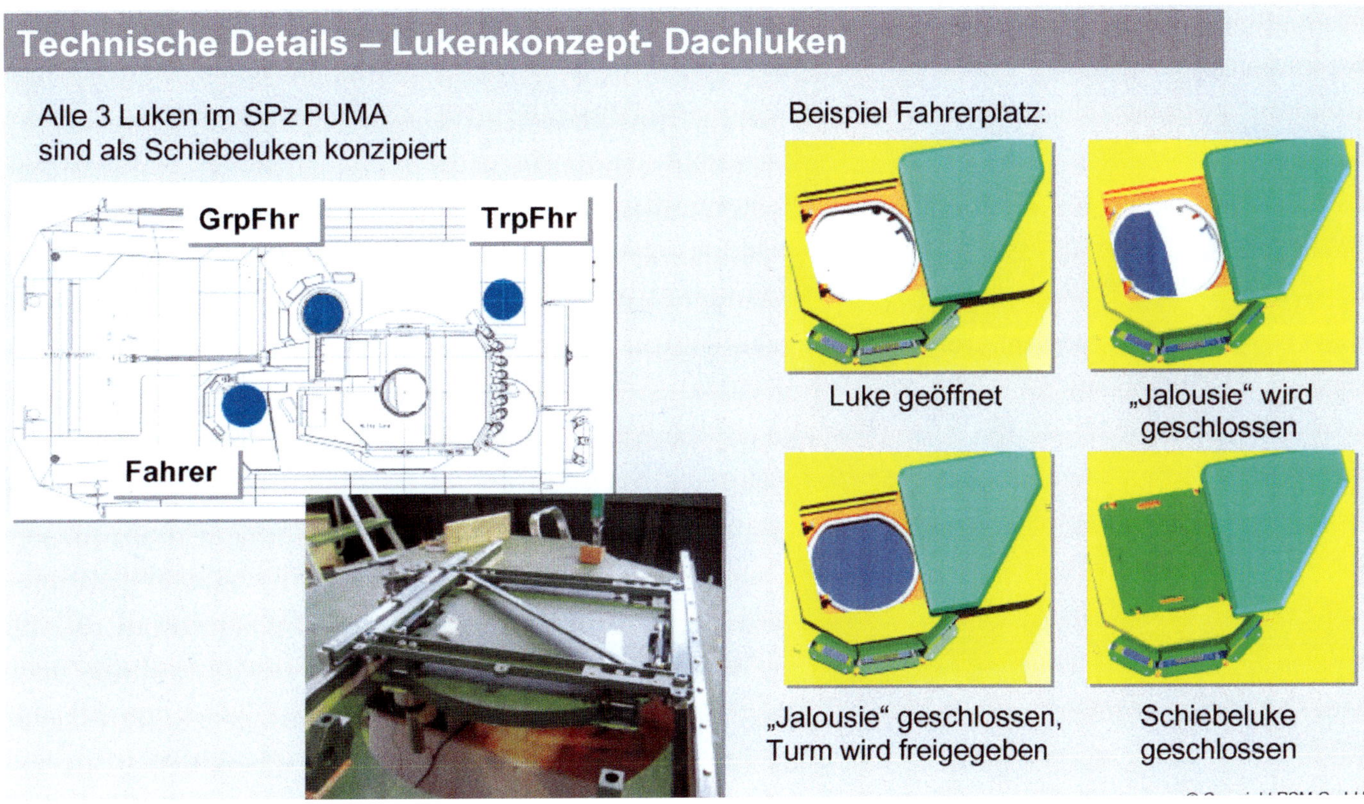

Die Luken - auch die des TrpFhr – sind als Schiebeluken ausgelegt, da sie deutlich robuster gegen Beschuss sind. (PSM)

Die im Heckbereich angeordneten vier Winkelspiegel ermöglichen dem Schützentrupp den Bereich 3 bis 8 Uhr optisch zu überwachen. (PzTrS)

Auch der Kommandant hat durch seine sechs Winkelspiegel eine (fast)-Rundumsicht. (PzTrS)

Turmauslegung

Die Position des Turms auf dem Fahrgestell in der Fahrzeuglängsrichtung ergab sich aus der Forderung, dass sich der Turm grundsätzlich um 360º bei einer maximalen Waffendepression von -10º drehen können soll. Die gewählte Platzierung des Turms ermöglichte es, dass hinter dem Turm eine geforderte Dachluke für den Schützentrupp verbaut wurde, in der bis zu zwei Schützen stehen und wirken können.

Oberhalb der Heckklappe befindet sich eine Dachluke, aus der bei Bedarf zwei Schützen mit ihren Handwaffen wirken können. (PSM)

Im oberen Bereich der Heckklappe befindet sich ein Glassichtblock mit Verschlussklappe.

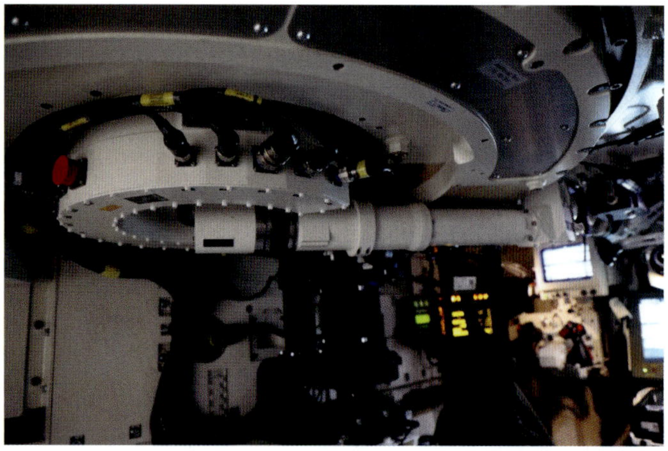

Foto vom sogenannten Schleifringübertrager unter dem Turm. Alle Verkabelungen sind problemlos zugänglich, anders als beim Besatzungsturm, der für solche Arbeiten herausgehoben werden muss.

Modell der Munitionszuführung für die Maschinenkanone mit den Zweiwegeschienen für zwei Munitionsarten. (PSM)

Die Begrenzung in Fahrzeuglängsrichtung für den Turm nach vorn ergibt sich aus dem Platzbedarf für die Anordnung der Schiebeluke für den Gruppenführer sowie der Platzierung des Motors und des Fahrers.

Die Bauhöhe des Turms ergibt sich aus mehreren Faktoren. Der Abstand des hinteren Endes der Waffenanlage bis zur Höhenrichtachse bezogen auf den gewünschten Elevationsbereich ergibt die Mindesthöhe des Turms.

Weiterer Parameter für die Festlegung der Turmhöhe war das Bestreben nach einem minimalen Eintauchen der Waffenanlage in den Kampfraum.

Konstruktionsbestimmendes Merkmal für die Ausführung des Turmes ist die Anordnung des PERI mit dem glasoptischen Kanal in der Turmdrehachse. Ein Waffeneinbau in der Turmmitte, d.h. in Schussrichtung vor dem PERI, wäre ebenfalls möglich gewesen, hätte allerdings eine Positionierung der Waffenanlage zur Folge gehabt, durch welche das Turmgehäuse größer und schwerer geworden wäre.

Für die Platzierung des Munitionsmagazins außerhalb der Wanne sprachen zwei Faktoren.

Einerseits wird die Schnittstelle zwischen Turm und Wanne möglichst klein gehalten, da die Notwendigkeit der Munitionsdurchführung innerhalb des Turmdrehkranzes entfällt, andererseits kann der hochgeschützte Mannschaftsraum kleiner gehalten werden, da hierin keine Munition für die Turmwaffen verstaut werden muss. Das Magazin für die Hauptwaffe ist daher ähnlich dem Kampfpanzer Leopard 2 im Turmheck platziert. Die Munitionszuführung erfordert allerdings einen Mindestradius in der Zuführkurve zwischen Magazin im Turmheck und der Waffe, wodurch der Turm bei zentraler Waffenanordnung nach links hätte verbreitert werden müssen.

Hier ein Blick durch die geöffnete Abdeckplatte auf die Munitionszuführungsschienen. (PSM)

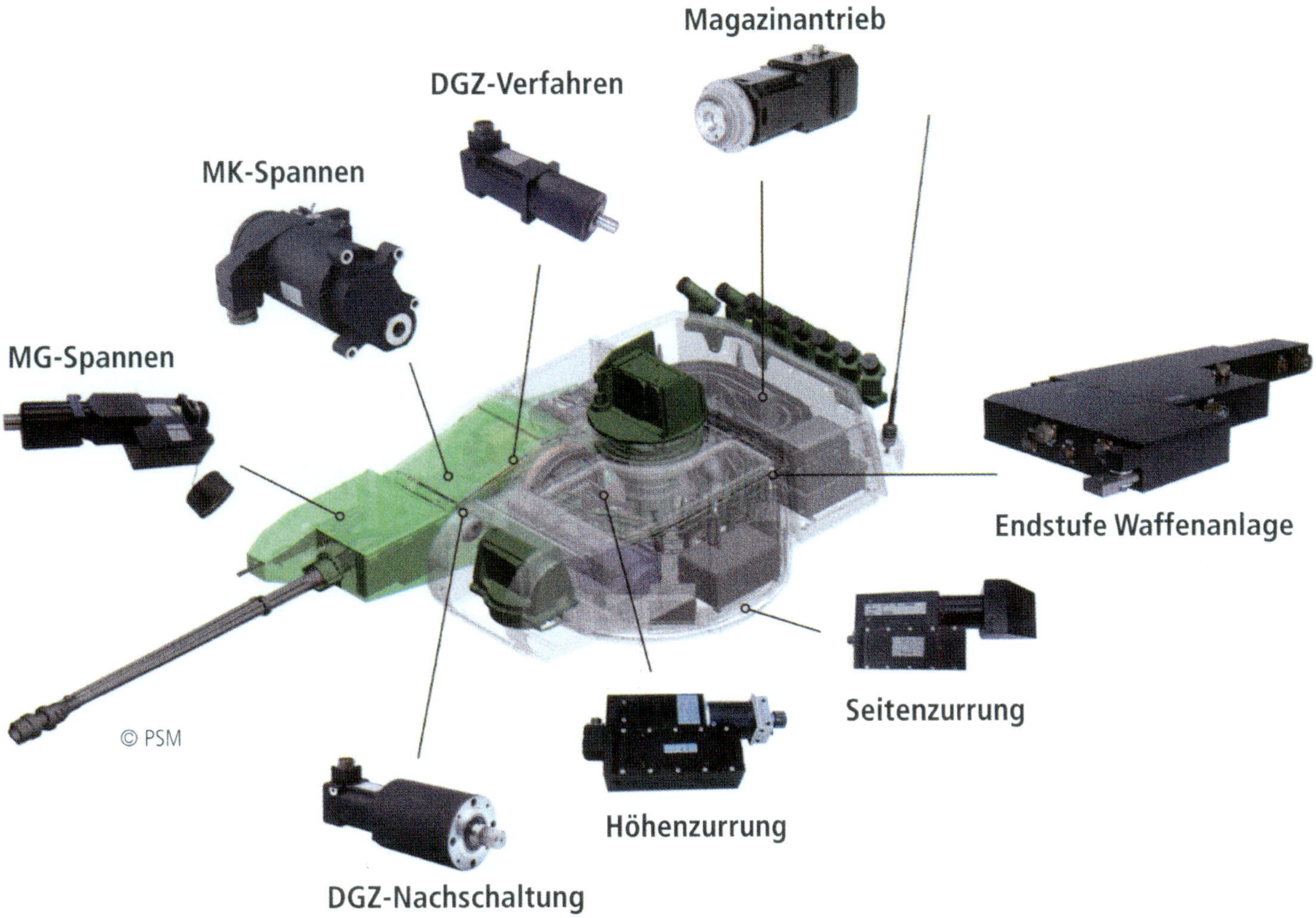

Dieses Bild zeigt die Bauteile für die Anteile der Richt- und Schwenkbaugruppen von der Firma Wittenstein.

Eine Anordnung Baugruppen der Turmrichtanlage GT Drive 98BL mit den Elevations- und Azimuth-Antrieben, der Steuer- und Sensorikanteilen und (mittig) die Notrichtsteuereinheit. (Jenoptik)

Aus den o. g. Gründen hat man sich für die Anordnung der Hauptwaffe rechts im Turm entschieden. Daraus ergibt sich, bezogen auf das Gesamtfahrzeug, wieder eine nahezu zentrale Anordnung der Hauptwaffe auf dem Fahrgestell.
Die Anordnung der Sekundärbewaffnung rechts von der Hauptwaffe wird durch den Aufbau des MG4 bedingt, da bei diesem die Munitionsführung von links und der Hülsenauswurf nach rechts erfolgen.
Somit befinden sich sowohl Haupt- als auch Sekundärbewaffnung rechts der Turmdrehachse.
Mit der Einführung der Konstruktionsfestlegung VJTF und später dem Konstruktionsstand S1 wurde die Waffenanlage Mehrrollenfähiges Leichtes Lenkflugkörper-System (Wa MELLS)zur Panzerabwehrfähigkeit zusätzlich am Turm angebracht.

Der Turm besteht aus einem Grundgehäuse aus hochfestem Aluminium mit integrierten Panzerstahlanteile (Verkleidungen) sowie für die Verstauung der Turmbaugruppen, der Waffenanlage, dem Höhenrichtantrieb, dem Periskop (PERI), der Waffenoptik (WAO) und dem Schleifringübertrager.
Das Turmgehäuse ist mit folgenden Wartungs- und Bedienöffnungen versehen:

- Magazin für das Aufmunitionieren des Hauptwaffenmagazins,
- Zugang zur höhenrichtbaren Masse (HRM) und
- Klappe zu den Munitionszuführkanälen.

Das Grundgehäuse ist an den Außenseiten und auf dem Dach mit Befestigungsschnittstellen für modulare Schutzelemente versehen. Dadurch wird eine Aufwuchsfähigkeit für spätere Schutztechnologien sichergestellt.

Bild der eingebauten koaxialen Sekundärwaffe MG4 mit einem Munitionsvorrat von 1000 Patronen im Turm (weitere 1000 als Reserve). (PSM)

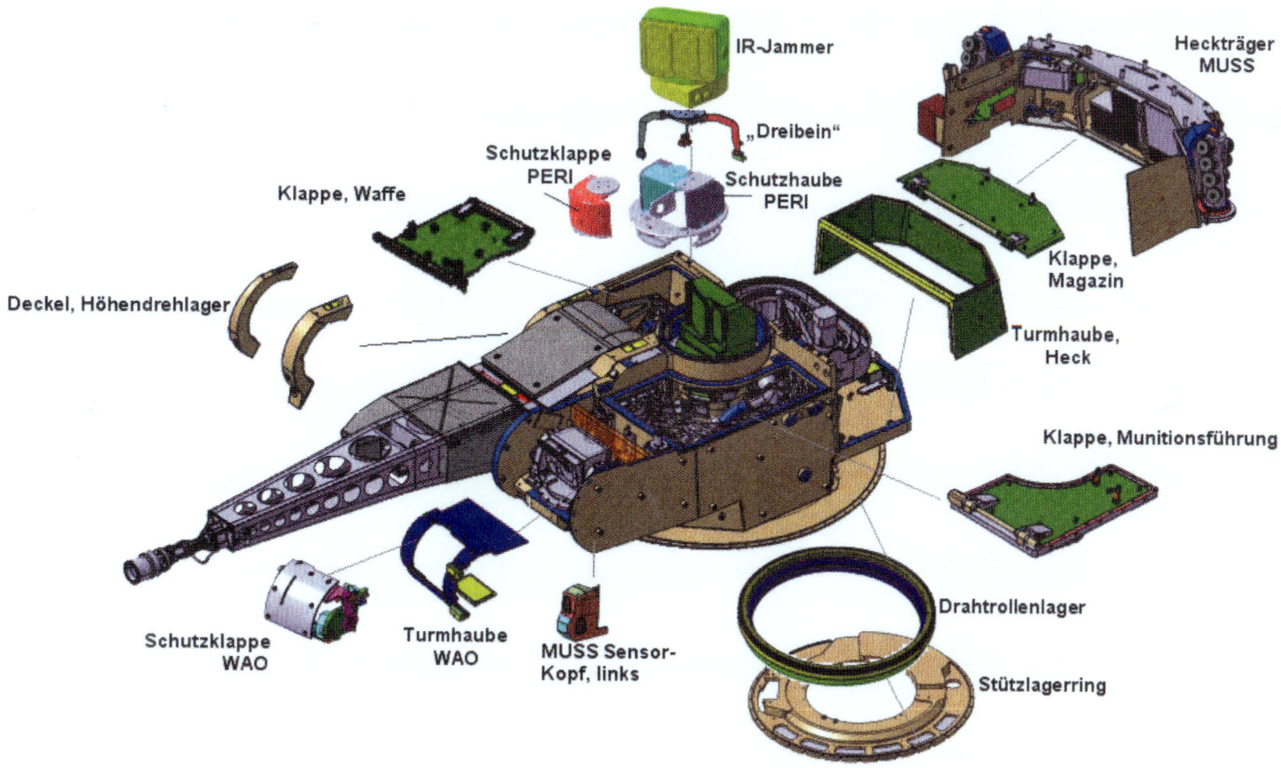

Dieses Schaubild zeigt die adaptiven Turmanteile einschließlich der MUSS-Anbauten sowie den IR-Jammerkopf. (KMW)

Die Sichtsysteme (PERI und WAO) sind ebenfalls durch Schutzklappen (mit einem Restdurchblick auch bei geschlossenen Klappen) geschützt.

Darüber hinaus sind folgende Hauptanteile dem Turm zuzuordnen:

- Waffenanlage MK30-2/ABM mit Elektroniken, Munitionsfluss und Magazin,
- Sekundärbewaffnung (achsparalleles MG4),
- elektrischer Höhenrichtantrieb mit Höhendrehlager und Zahnkranz für die Elevation der höhenrichtbaren Masse (Hauptwaffe, Wiege und Sekundärbewaffnung),
- elektrischer Seitenrichtantrieb mit Drahtrollenlager und Drehkranz für die azimutale Drehung des Turmes,
- Höhen- und Seitenzurrung zur mechanischen Verblockung der höhenrichtbaren Masse bzw. des Turmes,
- Heckträger MUSS mit den dazugehörigen Elektroniken und einer richtbaren Wurfanlage für Nebelmittel- und/oder MUSS-Granaten beidseits des Turmes, der für eine Luftverladung abgenommen werden kann,
- vier MUSS-Sensorköpfe zur Aufklärung und Identifikation der Bedrohung durch Panzerabwehrlenkflugkörper,
- IR-Jammer zur Abwehr anfliegender Panzerabwehrlenkflugkörper,
- Periskop (PERI) mit Schutzhaube und -klappe sowie einer Waschanlage,
- Waffenoptik (WAO) mit Schutzklappe und Waschanlage,
- Inertiale Sensoreinheit (ISE) als Verkantungssensor für die Feuerleitung,
- Energieverteiler, Turmelektrik (ET-L) für eine Energie- und Signalverteilung im Turm,
- Funkanlage anteilig,
- Schleifringübertrager zur Übertragung von Signalen und Strömen in den Turm,
- linksseitiger Anbausatz Wa MELLS mit zwei Lenkflugkörpern Spike LR.

Sichtkonzept

Eine ganze Reihe verschiedener optischer und optronischer Sichtmittel ermöglicht der gesamten Besatzung eine 360°-Rundum-Beobachtung, Erkennen sowie Identifizieren von Zielen bei Tag und Nacht. Im Winkelspiegel erkannte Objekte können sofort über ein Tippvisier dem Gruppenführer zur weiteren Identifizierung angezeigt werden.

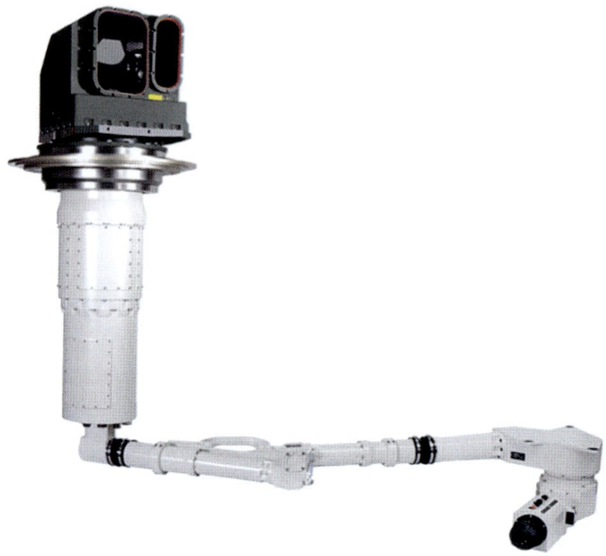

Das Rundblickperiskop des SPz PUMA mit Tag- und Nachtsichtkanal der Firma Hensoldt.

Die Hauptoptik des Gruppenführers ist das stabilisierte, rundum drehbare Periskop PERI-RTWL (Rundblick-Tagsicht Wärmebild Laser)) mit dem er turmunabhängig beobachten und aufklären kann. Um den GrpFhr eine optimale Sicht mit hoher Aufklärungsleistung zu ermöglichen und zusätzlich die volle Rundumsicht sicherzustellen, wurde das PERI so auf dem Turmdach positioniert, dass sich der Ausblickkopf oberhalb des Lafettendachs befindet. Die Montageposition des PERI ist so gewählt, dass es sich koaxial im azimutalen Drehpunkt der Lafette befindet. Es verfügt über einen höchstauflösenden glasoptischen Tagsichtkanal mit großem und kleinem Sehfeld als Ersatzsicht bei Ausfall der elektronischen Optiken, sowie über eine CCD-Kamera, welche auf den Farbmonitoren im Fahrzeug dargestellt werden kann. Der Richtbereich von -15° bis +45° und drei Vergrößerungsstufen (2, 4 und 16fach) stellt eine große Abdeckung sicher. Fahrzeuge können bis zu einer

Das Hauptzielfernrohr für die Zielbekämpfung bei Tag und Nacht mit dem LASER-Entfernungsmesser (links unten). (PSM)

Entfernung von ca. 5 km, Personen ca. auf 2 km erkannt werden, die Identifizierungsreichweiten betragen etwa die halben Entfernungen.
Die Zieloptik WAO (Waffenanlage Optronik) des TrpFhr-WaSys ist turmgebunden und ebenfalls unabhängig stabilisiert.
In beide Sichtsysteme sind jeweils drei leistungsfähige Sensoren integriert: Ein ATTICA-Wärmebildgerät der dritten Generation, ein augensicherer Nd/YAG-Laserentfernungsmesser mit hoher Reichweite, eine hochempfindliche CMOS-Tagsichtkamera bei der WAO und einer CMOS-Ablichtungskamera im PERI, welche den hochleistungsfähigen Kanal abbildet. Mit den ATTICA-Wärmebildgeräten – als zentralem Bestandteil beider Sichtsysteme – können Kommandant und Richtschütze in der gleichen Bildqualität beobachten und aufklären.
Zusätzlich verfügt das PERI über ein schwenkbares Okular. Dadurch kann die glasoptische Direktsicht auch vom Richtschützen genutzt werden.
Damit ist das PERI RTWL das weltweit einzige Sichtsystem, welches über einen glasoptischen Kanal in einem unbemannten Turm verfügt und dadurch die Vorteile der Direktsicht mit denen der optronischen Sichten in einem System vereint.
Ziele, die der Gruppenführer mit dem PERI aufgeklärt und identifiziert hat, können dem TrpFhrWaSys zur Bekämpfung zugewiesen werden. Sofort danach kann der Gruppenführer neue Ziele aufklären (Hunter-Killer-Prinzip).

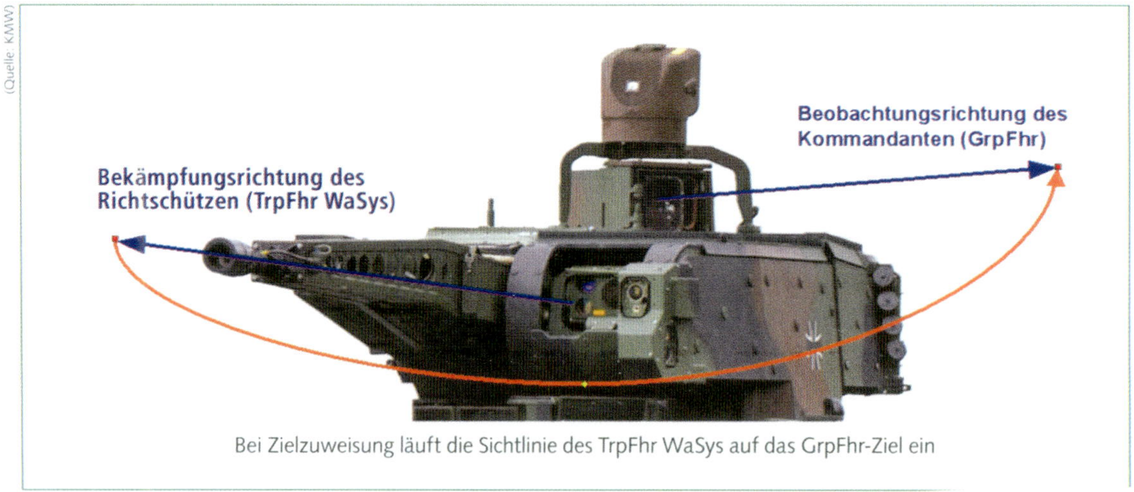

Diese Skizze verdeutlicht das sogenannte »Hunter Killer-Prinzip, wonach schon bei der Zielbekämpfung durch den Richtschützen das nächste Ziel mittels des PERI aufgeklärt wurde und nur eine Schaltung reicht zur Zielübergabe. (PSM)

Der MKF verfügt über drei ergonomisch angeordnete Displays zur optimalen Wahrnehmung seiner Fahraufgaben. Am Fahrzeugheck wurden für den Fahrer Rückblickkameras installiert. Alle verfügbaren Kamerasignale können über den Videoverteiler auch der restlichen Besatzung auf die jeweiligen Displays übertragen werden können.

Oberhalb der Fahrer-Schiebeluke befinden sich die drei Winkelspiegelausblicke.

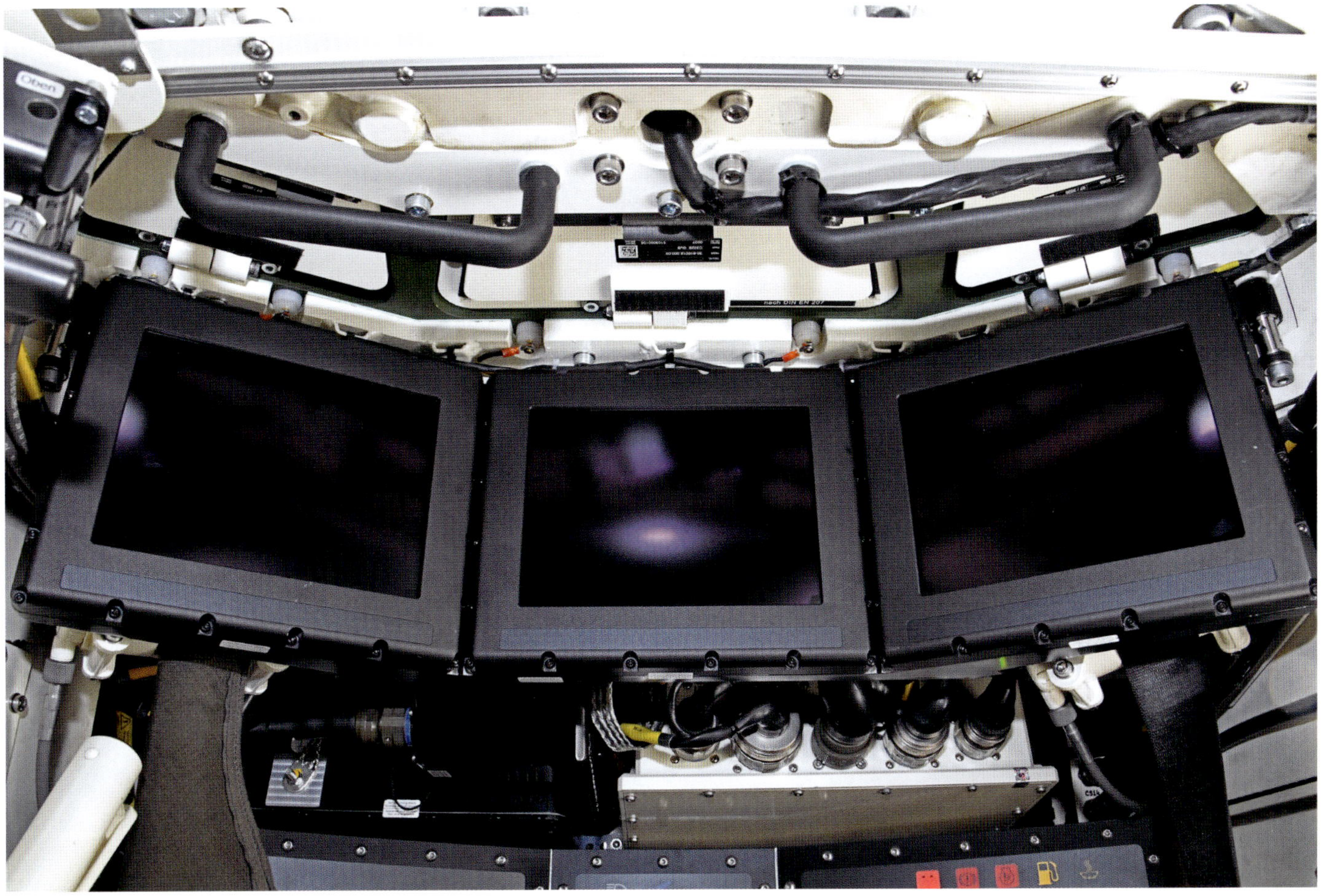

Innenansicht mit den drei klappbaren Sichtmodulen, darunter die Bildschirme.

Auf den Displays können wahlweise verschiedene Kamerasichten angewählt werden, um auf wechselnde Anforderungen flexibel reagieren zu können. Zum optimalen Agieren des SPz PUMA im urbanen oder bewaldeten Gelände dient ein zusätzliches 360° Nahbereichssichtsystem.

Sichtsysteme der S0-Variante des SPz PUMA. (PSM)

Das Rundum-Sichtkonzept, in Verbindung mit dem innovativen Bedien- und Anzeigekonzept zur wahlweisen Darstellung der optronischen Sichten insbesondere auch auf den beiden Monitoren im hinteren Kampfraum, bietet die Voraussetzung für ein stets aktuelles Lagebild (»Situational Awareness«) der gesamten Besatzung.
Hierbei erfolgt die Darstellung der Kameras in einem durchgängigen Panoramabild, aus dem wahlweise Abschnitte vergrößert werden können.

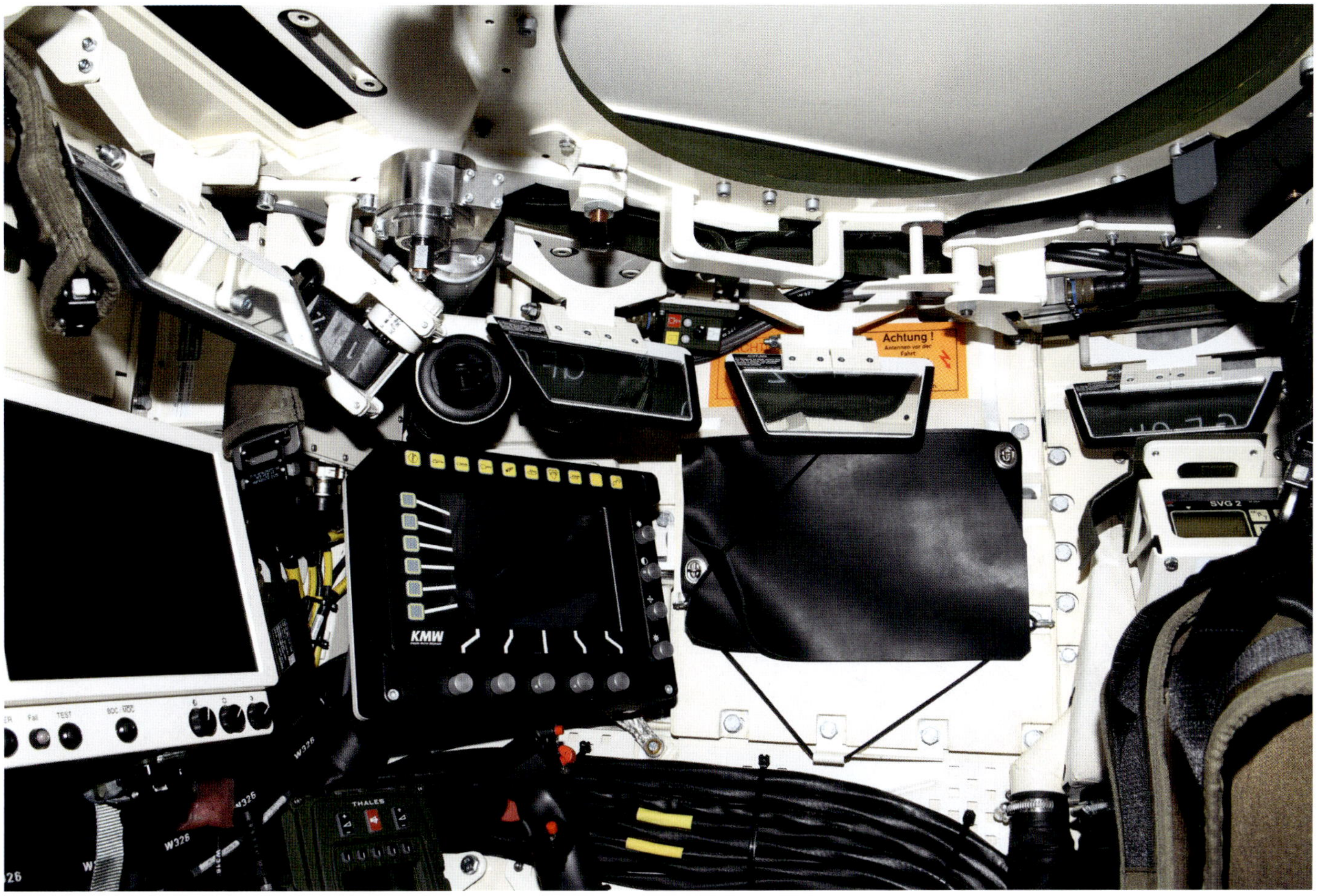

Blick auf den vorderen Winkelspiegel des Kommandanten sowie den drei rechts von ihm. (PSM)

Zugeordnete Sichtmittel

- **GrpFhr (Kommandant):**
Monitordarstellung optronischer Tagsicht von PERI und WAO, WBG-Bild von PERI und WAO, Heckkameras, 5 Winkelspiegel, Sicht über Luke, glasoptische Direktsicht PERI (primäre Zuodrnung).

- **TrpFhrWaSys (Richtschütze):**
Monitordarstellung optronischer Tagsicht von WAO und PERI, WBG-Bild von WAO und PERI, Heckkameras, 1 Winkelspiegel, 1 Sichtblock Glasoptische Direktsicht PERI (im Wechsel mit GrpFhr),

Der heruntergeklappte Winkelspiegel des Richtschützen. (PSM)

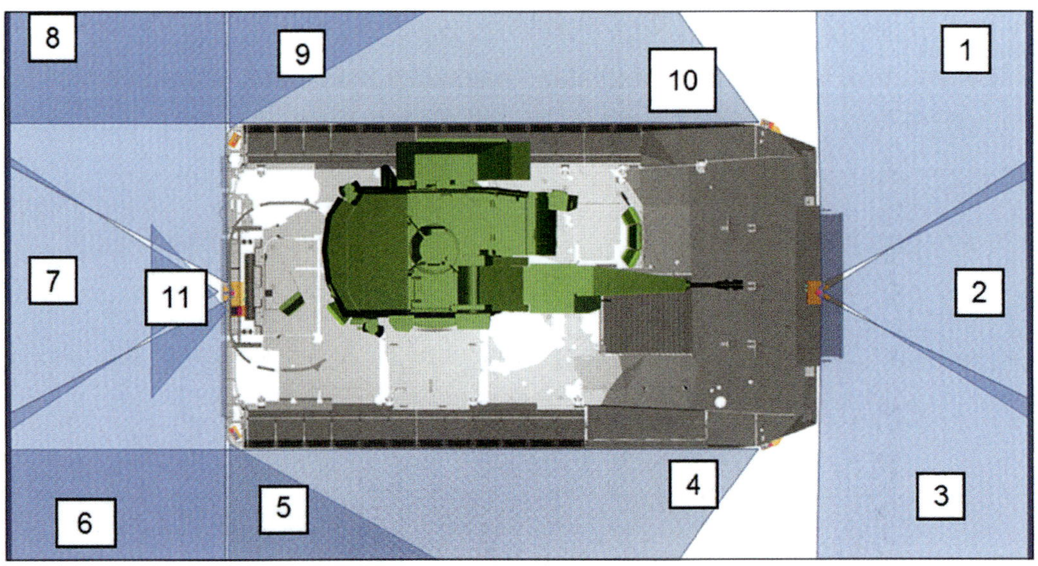

Mit der VJTF-Variante eingeführte kameragestützte Rundumsicht mit drei Kameras frontal (1 bis3), zwei Seitenbereiche (4 und 10), schrägseitlich nach hinten (5 und 6 bzw, 8 und 9) nach hinten (7 und 11). (PSM)

Vorderansicht des Turms mit dem PERI-Ausblick (weiß), dem Zielfernrohr des Richtschützen (rot) und den MUSS-Warnsensoren (gelb) mit je einem Sensor für anfliegenden LFK sowie (darunter) ein LASER-Sensor. (PSM)

- **MKF:**
3 Displays oder 3 Winkelspiegel als Backup, 1 BiV
und ein Display für die Rückblickkamera,
360°-Nahbereichssichtsystem,
Sicht über Luke

Hier die beiden Kameraausblicke am Fahrzeugheck für Heck- und Seitensichten.

Die S0-Version hatte noch je eine Seitenkamera an beiden Wannenseiten unter den Turmseiten.

- **SchtzTrp:**
4 Winkelspiegel und Sicht durch Heckklappe (Glasblock), 2 Displays für optronische Sichten, je 5 Kameras im Front- und Heckbereich und ein 360°-Nahbereichssichtsystem, 1 BiV, Sicht über 2-Mann-Luke

Außenblick auf die vier Winkelspiegel für den Schützentrupp (der linke und die beiden vorderen sind zeitweise unterhalb des Turms).

Fotos eines der vier Winkelspiegel des Schützentrupps, hochgeklappt sowie bei Nutzung heruntergezogen mit den Tippvisiertasten. (PSM)

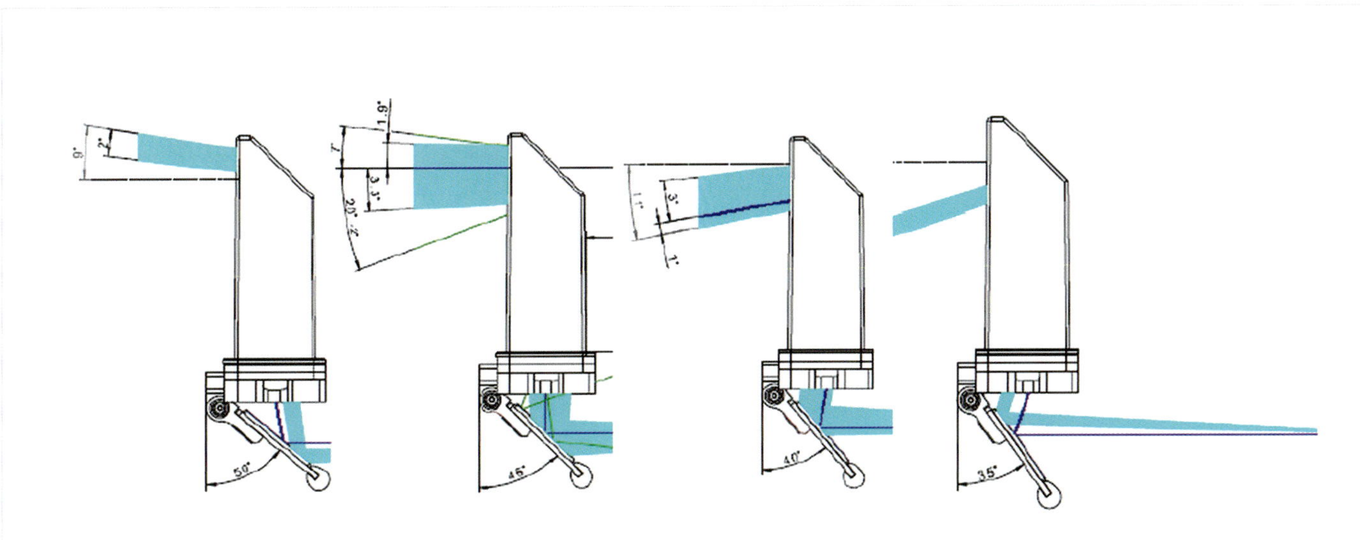

Je nach Klappwinkel können verschiedene Höhenabschnitte beobachtet werden, ohne dass der Betrachter den Kopf heben muss. (PSM)

Auf allen Bildschirmen können alle Zielmeldungen und Lagesichten abgerufen werden und per Tippfunktion an andere versendet werden.

Führungsfähigkeit

Die Führungsfähigkeit besteht im Wesentlichen darin, verschiedenste Arten von Informationen über die verschiedensten Medien aufzunehmen und schnellstmöglich, zielgerichtet mit der adäquaten Informationsdichte weiter zu verteilen und auszuwerten.

Der SPz PUMA ist dafür konzipiert in einem modernen, zukünftigen, digital vernetzten Gefechtsfeld zu agieren. Zu Beginn der PUMA-Entwicklung gab es schon viele Prognosen über die zukünftige Entwicklung des digitalen Gefechtsfeldes, aber viele erforderliche Technologien und moderne Komponenten, wie z.B. digitale Funkgeräte waren zu Beginn der Puma-Entwicklung noch nicht verfügbar.

Der Grundgedanke in der Entwicklung war deshalb die konsequente Nutzung von standardisierten Schnittstellen wie z.B. Ethernet und die Realisierung digitaler Bussysteme, wie den CAN-Bus, die es elektronischen Komponenten ermöglichen, erforderliche Informationen von anderen Quellen zu empfangen sowie eigene Daten zur Verfügung zu stellen.

Zugleich ermöglicht eine konsequente Standardisierung den leichten Austausch von obsoleten Komponenten und die Ergänzung von zusätzlichen Komponenten zur Realisierung zusätzlicher Funktionalitäten.

Die einzelnen Anteile der Führungsfähigkeit sind:

1. Die Kommunikation der aufgesessenen Besatzung untereinander. Video-, Audio- und Dateninformationen können über die Bussysteme und Netze, die über standardisierte Schnittstellen mit den Bediengeräten verbunden sind, an alle Besatzungsmitglieder verteilt werden. Aufgrund der Anordnung der gesamten Besatzung im Kampfraum in der Wanne, kann zusätzlich direkt untereinander kommuniziert werden.
2. Die Aufklärung des Gefechtsfeldes über diverse Optiken, Optroniken und Sensoren und die verzugslose Verteilung dieser Informationen.
3. Die verbale und datentechnische Anbindung des abgesessenen Schützentrupps über Funk.
4. Die verbale und datentechnische Anbindung an auf Zusammenarbeit angewiesene Truppen und die übergeordnete Führungsebene über Funk.

Aufgrund intensiver Erprobungen mit dem Gesamtsystemdemonstrator sowie den fünf Vorserienfahrzeugen an den

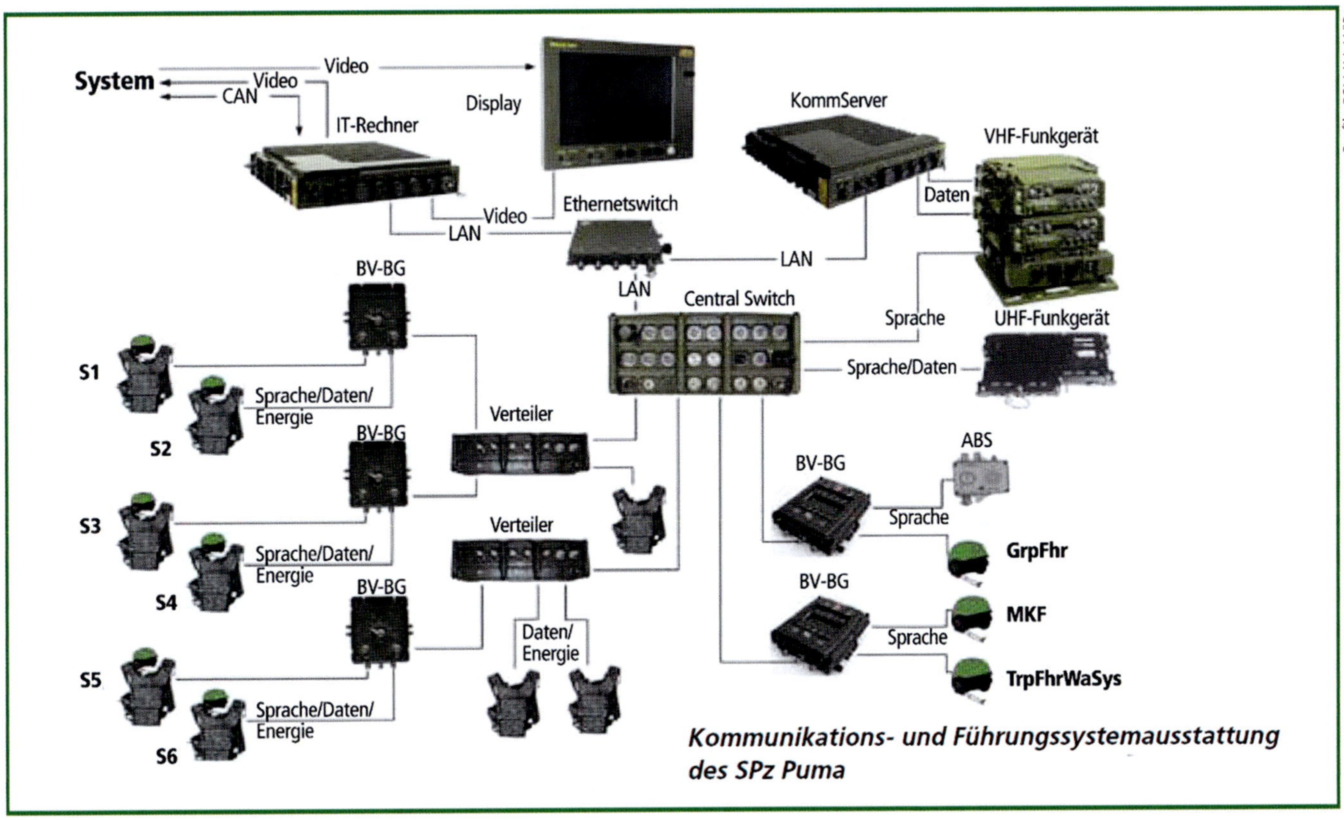

Grafik: PSM/MaWiBo

Dieses Schaubild zeigt den Konstruktionsstand der Führungsausstattung des SPz PUMA zu Beginn der Serienfertigung, noch mit der alten Funkgerätegeneration, allerdings mit den weiterhin genutzten BV-Bediengeräten und den Displays. (PSM)

Wehrtechnischen Dienststellen, der Erprobung unter Beteiligung des Bedarfsträgers, der Einbringung von querschnittlich entwickelten Komponenten (z.B. digitale BV-Anlage, IdZ-ES, Software Defined Radios), den Erkenntnissen aus ersten Auslandseinsätzen (Bedrohungen im urbanen Gelände, IED-Bedrohung) wurden weit mehr als 500 Änderungen im Rahmen der Serienreifmachung in den SPz PUMA eingebracht, ohne die Grundkonzeption zu ändern.

Für den übergeordneten Austausch jeglicher Aufklärungs-, Ziel- und Lagedaten bedarf eines sogenannten »Battle Field

Die interne Bordverständigung (BV) wird über mehrere Bediengeräte gesteuert.

Zwischen je zwei Schützen ist ein einfacheres BV-Bediengerät angebracht (Netzwahl- und je ein Lautstärkeschalter)

Die Führungs- und Informationssysteme arbeiteten (zunächst) in einer hierarchischen Informationsverteilung, die moderneren Systeme können ebenenübergreifend genutzt werden.

Management Systems« (BMS) Seit rund 20 Jahren war in der Bundeswehr das »FüInfoSysH« (Führungsinformationssystem Heer) in Nutzung mit jeweiligen Andockelementen auf der taktischen Führungsebene, sogen. FüWES« (Führungswaffeneinsatzsystemen). Auch diese sollten in den SPz PUMA Verwendung finden. Da aber – trotz Bewährung in der Praxis – FüInfoSysH mittelfristig durch ein »D-LBO« (Digitale Landbasierte Operation) ersetzt werden soll, wurde eine andere Vorgehensweise während der Serienentwicklung festgelegt. Die Gründe hierfür sind mehrere, u.a. die Interoperabilität mit anderen, im internationalen Umfeld verwendeten BMS, die Einbindung neuartiger digitaler Datenverarbeitungssysteme und des (gesteuerten) Transfers wesentlich größerer Datenmengen usw. Auch war es wichtig deutlich höhere Sicherheitsintegritätslevel (SIL) zum Schutz von Daten und ihrer Übertragung zu erreichen. Kurzfristig kommt es darauf an, die Führungssysteme interoperabel mit dem NATO-weit verbreiteten BMS SITAWARE Frontline zu machen.

Unter anderem aus diesem Grund entschloss man sich 2018, den SPz PUMA mit einem neuen BMS, dem TacNet auszustatten, das eine modulare und skalierbare Architektur hat. Damit können alle lage- und funktional relevanten Daten auch mit dem System der abgesessenen Komponente harmonisiert werden (und auch künftig mit dem D-LBO). Die Funktionsvielfalt und die datenseitige Nutzung wäre thematisch vom Umfang her auch in einem separatem Buch darstellbar, daher beschränke ich mich auf die PUMA-relevanten Aspekte.
Diese innovative Technologie ermöglicht es den Führern aller Ebenen durch die permanente Darstellung (und auch KI-gestützter Analysen) von Geodaten im Kontext mit Lage- und Zieldaten rasch auf operative Veränderungen zu reagieren. Dies macht die Wahl von eigenen Stellungs- und Vorstoßmöglichkeiten signifikant effizienter und minimiert Risiken!
Was die Kommunikation betrifft, so hatte der SPz PUMA S0 zunächst die damaligen Funkgeräte SEM 80/90 und der Schützentrupp das SOLAR 400 UHF-Funkgerät. Ab dem Stand VJTF

Hier eine eindrucksvolle Grafik, die die Anwendungsbereiche des TacNet darstellen soll mit Lagedatenanzeigen, per Touch auszulösende Zielzuweisungen und Identifizierungsanzeigen von Feind und eigenen Kräften. (Rhm)

wurden zunächst SDTR (software definded radio) VR5000 eingebaut, ab dem Stand S1 die neuen SVFuA (Streitkräfte gemeinsame verbundfähige FunkgeräteAusstattung). Sie können durchgehend im sogen. Frequenzsprungverfahren eingesetzt werden (also nicht mit störanfälligen Festfrequenzen). Dies reduziert die Abhör- und Störmöglichkeiten signifikant und es können so Netzstrukturen zur Verbindung mit schlecht erreichbaren Teilnehmern aufgebaut werden. «. Reichweitenprobleme und Verbindungsabbrüche gehören Dank neuster Technik im Rahmen eines MANET (mobiles ad hoc Netzwerk) der Vergangenheit an. Weiterer wichtiger Faktor ist die verschlüsselte und auch **parallele** Daten- und Sprachübertragung, auch mit Status GEHEIM. Ein weiterer Vorteil ist die Netzstruktur. Hier kennt jedes Funkgerät seine Nachbarn und ist so in der Lage über Routingfunktionen, auch unter schwierigsten Bedingungen, alle Funkgeräte im Kreis zu erreichen. Dabei ist kein Eingriff des Nutzers erforderlich.

Seit 2004 gab es das System »Infanterist der Zukunft« (später IdZ-BS = »Basissystem« genannt). Kennzeichnend war ein Tragesystem

Das Funkgerät VR5000 lässt sich allein oder kombiniert mit weiteren Geräten einbauen. Bei Ausfall der Stromversorgung überbrückt eine eingebaute Batterie. Der Nutzer stellt nicht – wie früher – einzelne Frequenzen manuell ein, sondern wählt per Drehschalter programmierte Sequenzen ant. (R&S)

Platziert werden die Funkgeräte auf einer Rechner-Adapterplatte, in der die unterschiedlichen Modi gespeichert sind. (R&S)

Wichtiges Bauteil für alle Datenübertragungen zwischen allen Geräten (Anschlüsse X1 bis X9) sowohl den LAN-Partnern ist der sogenannte KommServer. (R&S)

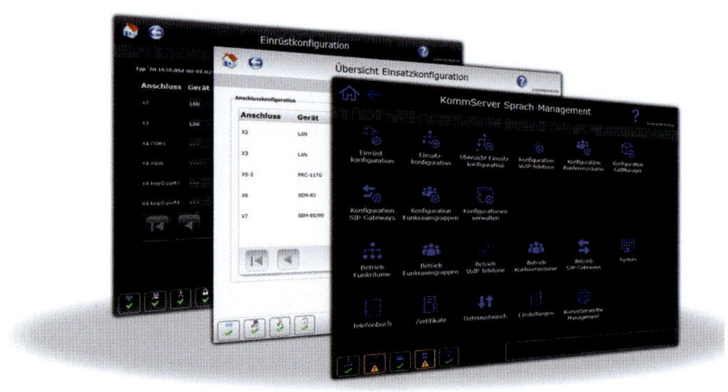

Alle Konfigurierungserfordernisse für das Daten- und Sprachmanagement am KommServer können variabel eingestellt werden.

Mittels Bediengerät lassen sich die Betriebsmodi der Funkgeräte steuern, Einstellungen und Fehlerkorrekturen vornehmen. Störungen und Systemzustände werden angezeigt bzw. können abgerufen werden.

Nicht wie früher stellen die Bediener zeitaufwändig alle Sendefrequenzen ein, sondern die einzelnen »Kommunikationswelten« werden in speziellen (mobilen) Rechenzentren unterstützender Fernmeldeverbänden programmiert.

(Rücken und Front) für den Infanteristen mit der Führungs- und Kommunikationsausstattung und Schutzelementen.
Zwei Jahre später begann bei RDE die Entwicklung eines Erweiterten Systems (ES). Ein erster Vorseriendemonstrator wurde 2010 getestet. Die Einführung erfolgte dann ab Anfang 2013. Dieses IdZ-ES ermöglicht den einzelnen abgesessenen Soldaten ständig, sowohl untereinander als auch zum Schützenpanzer selbst Kontakt zu halten. Zudem tauschen sie gegenseitig Daten zum aktuellen Lagebild aus. Fortan gab es eine Reihe von Nachrüstungen um Obsoleszenzen zu ersetzen.
Die Sprachkommunikation funktioniert mittels eines Innenohr-Headset, um dem Soldaten die größtmögliche Freiheit zu bieten. Die Anbindung an das Funkgerät geschieht mittels eines Push-to-talk (PTT) Tasters an der Handwaffe. So kann der Schütze ohne die Hand von der Waffe zu nehmen Informationen austauschen.
Die Kommunikationsausstattung inkl. weiterer Systeme wie Rechnereinheit, Akkus oder GPS-Empfänger sind in ein Tragegestell am Rücken des Soldaten integriert.
Die ballistische Überziehschutzweste inklusive Hüftgurt von Hexonia dient sowohl zur Aufnahme der ballistischen Schutzelemente sowie auch als Tragesystem, das je nach Bedarf mit oder ohne Hüftgurt und Rückenstütze konfiguriert werden kann. Optional können auch weitere modulare Schutzkomponenten angebracht werden. Durch Ziehen des Notabwurfs ist es möglich, die Schutzweste und den Hüftgurt in einer Notsituation schnell abzuwerfen. Die Unterleibschutzhülle dient zur Aufnahme des ballistischen SK1-/Splitterschutzpakets und kann optional an der Überziehschutzweste bzw. am Hüftgurt

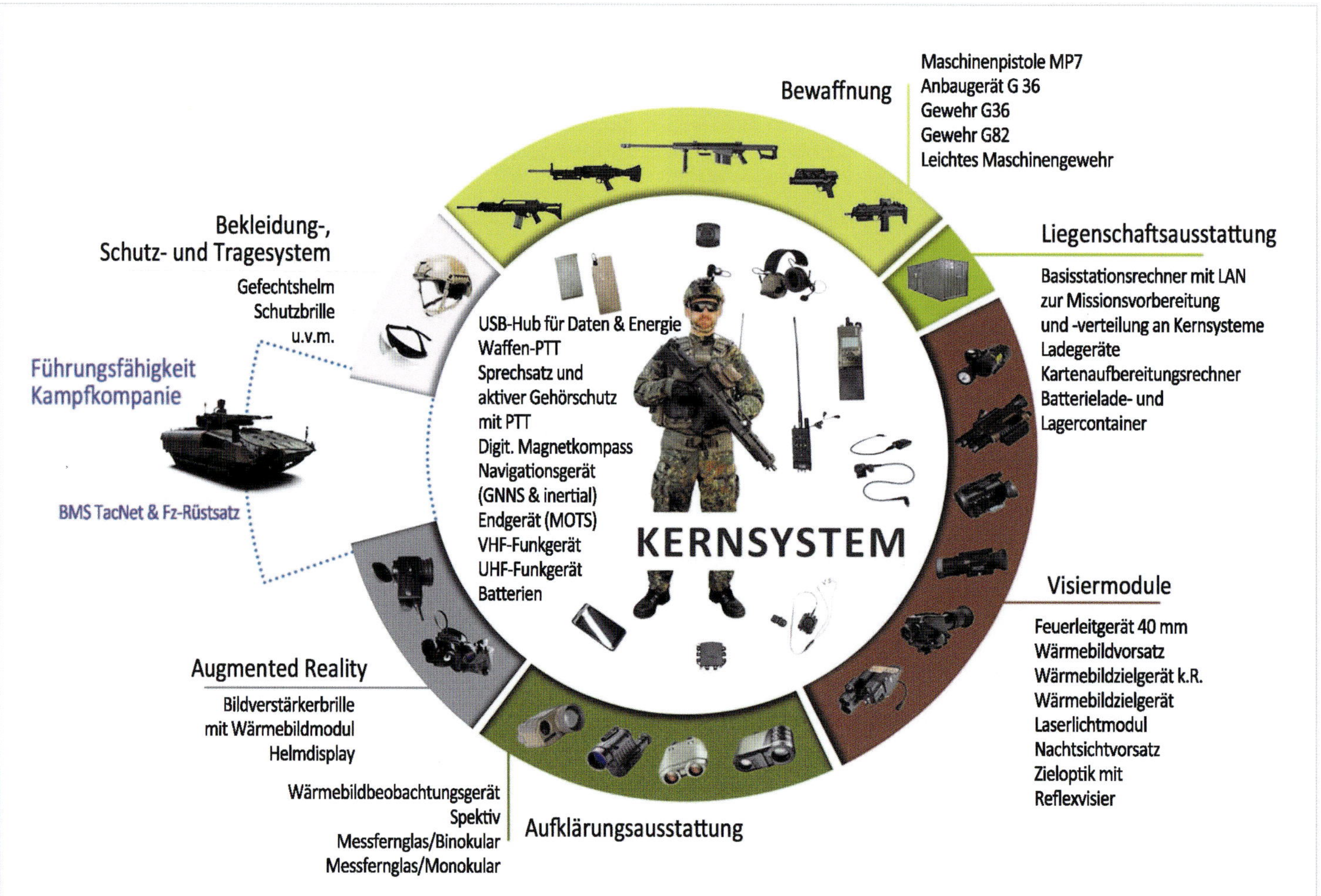

Diese Grafik zeigt den ersten Ausrüstungsstand des IdZ-ES. (PSM)

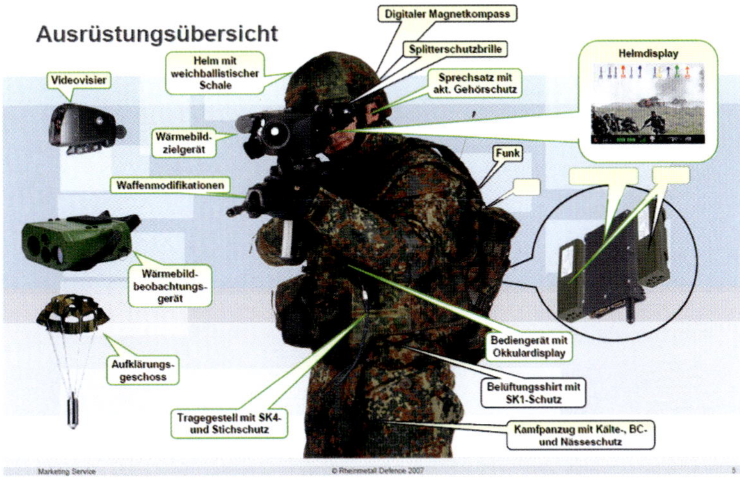

Hier im Detail die Ausrüstungsanteile des Infanteristen; rechts im Bild mittig das SDHR VHF-Funkgerät. (PSM)

Zunächst in Nutzung war das SDR-7200HH Hand-held Funkgerät, hier mit neuerer, kürzerer Batterie unten angebracht. (ELBIT)

angebracht werden. Die im Rückenteil der Weste eingeschobene Hub-Halterung dient zur Kabelführung und zur Aufnahme der Schnittstellenbox sowie des Helm Legacy Adapters.
Für die VJTF-Mission 2023 wurde der Konstruktionsstand IdZ-ES Plus weiter optimiert, mit einem neuen »Rücken« (einer Schnittstellenbox im Rückenteil der Schutzweste), dem neuen UHF-Gruppenfunkgerät E-LynX PNR 1000, einem neuen Rechner und das VHF-Funkgerät SDHR (»Software Defined Radio« von Rhode & Schwarz). Der jeweilige Führer verfügt über ein Getac MX50 Tablet mit einer Legacy-Schnittstelle in der Weste. Über diesen Führungsrechner erhält er u.a. grafischen Zugriff auf die aktuelle digitale Lagekarte des Einsatzraums. Bereits aufgesessen hat jeder Soldat im hinteren Kampfraum über eine Kabelverbindung alle notwendigen Daten in seinem IdZ-ES verfügbar.
Für die sogenannte »Augmented Reality« (Erweiterte Realität) verfügt der Soldat u.a. über eine Bildverstärkerbrille mit Wärmebildmodul (LUCIE II DIR von Thales) sowie eine Helmdisplay

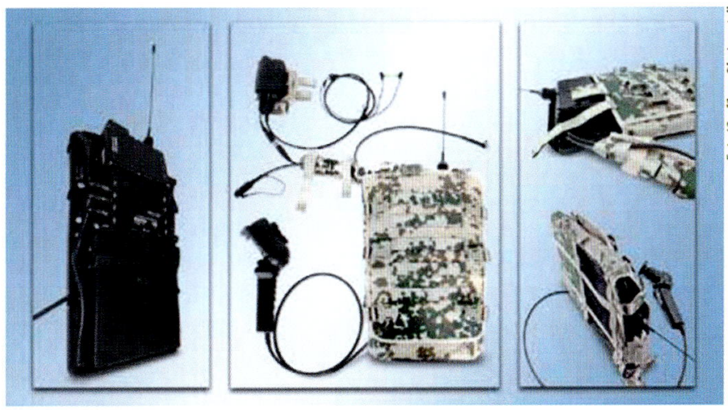

Foto/Grafiken: Rheinmetall

Der neue kleinere Elektronische Rücken

Mit dem in der Schutzweste verstauten Tablet Getac MV50 hat der Schütze – abhängig von der Reichweite – Zugriff auch auf die Ziel- und Lagedaten des »eigenen« Schützenpanzers. (Rhm)

(Challenge HMD Vision 2ST). Auch für die Handwaffen gibt es Wärmebildzielgeräte (Jenoptik NYXUS BIRD). Darüber hinaus besteht das IdZ-System aus einer Vielzahl von Bekleidungsanteilen.
Der SPz PUMA hat Schnittstellen im Fahrzeug integriert, um die Soldatensysteme mit dem Fahrzeug zum Datenaustausch und zur Spannungsversorgung zu verbinden.
Anfang 2025 wurden ein Rahmenvertrag mit Rheinmetall geschlossen mit einem maximalen Volumen von 3,1 Milliarden Euro und einer Laufzeit bis Ende 2030. Insgesamt kann die Bundeswehr damit die anteilige Regeneration, Herstellung und Lieferung von bis zu 368 Zugsystemen IdZ-ES und zahlreiche Optionen für die Beschaffung ergänzender Komponenten und Leistungen realisieren. Die überarbeitete Basis-Hardware der Soldatensysteme ist zudem für eine Anbindung an den Informations- und Kommunikationsverbund »Digitalisierung Landbasierte Operationen« (D-LBO) soweit wie möglich vorbereitet.

Jeder Schütze verfügt über ein Funkgerät E-LYNX PNR 1000 mit ca. 5 km Reichweite zur Verbindung innerhalb der abgesessenen Gruppe.

Mittels des sogenannten Bedien- und Anzeigegeräts (BAG) kann der Schütze mit Stand IdZ-ES Plus nunmehr alle verfügbaren Sichten abrufen.

Aktueller Stand (2026) des Systems IdZ-ES Plus. (Rhm)

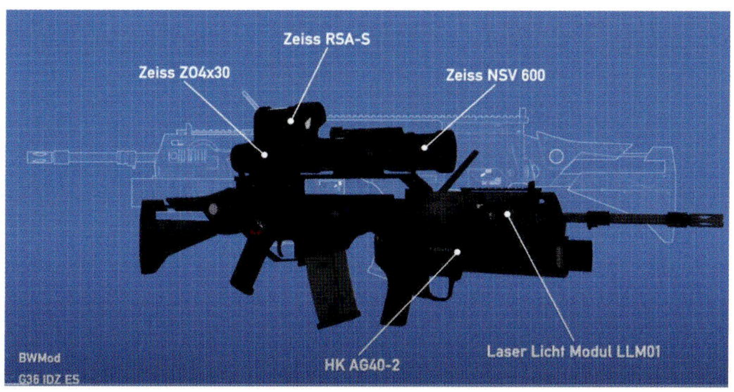

Dieses Bild zeigt die Anbringungsmöglichkeiten der unterschiedlichen Waffenoptiken am G36.

Waffe und Munition

Das leistungsstarke und vielseitige Bewaffnungskonzept des SPz Puma bildet die Grundlage für seine hohe Durchsetzungsfähigkeit und Wirkungsüberlegenheit in allen denkbaren Szenarien – vom friedensstabilisierenden Einsatz bis hin zum hochintensiven Gefecht.

Als Hauptbewaffnung ist die vollstabilisierte, automatische 30-mm-MK 30-2 ABM in den ferngesteuerten Turm eingebaut. Sie erfüllt die hohen Ansprüche an eine moderne, zukunftsfähige Schützenpanzerbewaffnung hinsichtlich Reichweite, Durchschlagsleistung, Tempierbarkeit bzw. Programmierbarkeit des Luftsprengpunktes der Munition sowie der Relation Kampfbeladung und Wirkung (im englischen martialisch »Stowed Kills« genannt). Sie ermöglicht die Zielbekämpfung mit hoher Trefferleistung sowohl aus dem Stand als auch aus der vollen Bewegung, 360 Grad rundum mit einem Höhenrichtbereich von ca. -10 bis +45 Grad. Dies deckt den weiten Bereich der Bekämpfung von Zielen aus einer Hinterhangstellung bis zur Abwehr von Bedrohungen durch Hubschrauber und taktische Drohnen ab.
Die gleiche Waffe wird auch im »Schweren Waffenträger Infanterie« und im »Schützenpanzer Rad« zum Einsatz kommen – bei ersterem in dem Zwei-Mann-Turm Lance, bei letzterem in dem Puma-Turm eingerüstet. Ebenso nutzt der Schützenpanzer Lynx KF41 diese Bordkanone.

Die Maschinenkanone wird von Rheinmetall Waffe Munition in Oberndorf am Neckar in den traditionsreichen Hallen der alten Mauser-Werke hergestellt.
Sie besteht aus den Hauptbaugruppen

- Waffengehäuse,
- Rohr mit Mündungsbremse sowie Mess- und Programmierbasis,
- Doppelgurtzuführer und
- Air Burst Munition (ABM)-Elektronik

ist im besatzungslosen, ferngesteuerten Turm des SPz Puma in der Waffenwiege bzw. im Waffenaufnahmekörper höhenelevierbar gelagert. Die ABM-Elektronik zur Programmierung

Ein weiterer Vorteil des besatzungslosen Flachturms ist der deutlich größere Höhenrichtbereich. (GO)

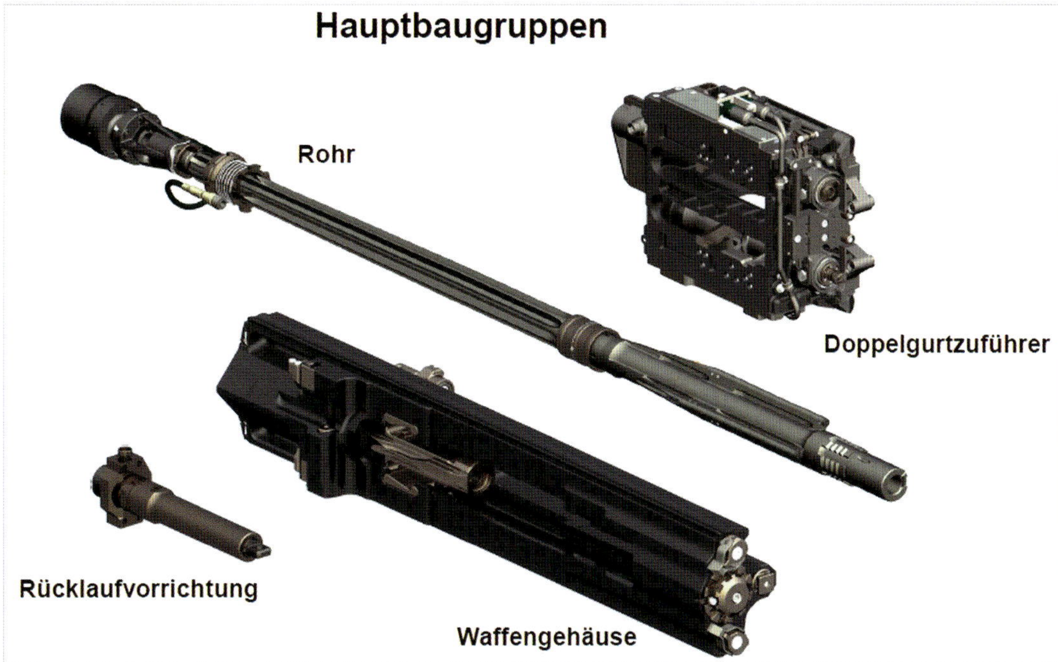

Die Baugruppen der Maschinenkanone, die leicht ausgebaut und somit getauscht werden können. (PSM)

Funktionsbeschreibung der Maschinenkanone des SPz PUMA. (PSM)

der tempierbaren Munition ist im hinteren Bereich des Turmes unter dem Magazin verstaut und kommuniziert unmittelbar mit der Turmsteuerung bzw. dem Feuerleitrechner des Schützenpanzers.
Die Waffenwiege ist im hinteren Bereich beidseitig mit je einem großdimensionierten Drehlager ausgestattet, welche die mechanische Schnittstelle zum Turmgehäuse des Schützenpanzers darstellen. Am in Schussrichtung linken Drehlager befinden sich die Antriebsverzahnung, welche in den Elevationsantrieb des Turmes greift sowie die hochpräzise Messverzahnung zur Positionsbestimmung der höhenrichtbaren Masse. Die Lager sind geometrisch so gestaltet, dass die Munition durch das linke Lager der Waffe zugeführt und die Ableitung des Leerguts (Hülsen und Gurtglieder) durch das rechte Lager erfolgen kann.

Neben dem Waffenaufnahmekörper, welcher im Folgenden detaillierter beschrieben wird, nimmt die Waffenwiege den Doppelgurtzuführer (DGZ) inklusive der elektrischen Nachschalteinrichtung sowie die Mechanik und den Antrieb der DGZ-Verstellung auf. Außerdem befinden sich wesentliche Komponenten der Leergutableitung und der Gurtgliedführung des Lafettensystems innerhalb und außerhalb des Wiegenkörpers.

Äußerlich auffällig ist im vorderen Bereich der Waffenwiege die Rohrführung der MK30-2/ABM montiert. Die Schweißkonstruktion führt das Rohr an insgesamt drei Positionen und stellt zusammen mit dem exakt aufeinander abgestimmten Waffenrohr die geforderte hohe Treffpräzision sicher. Die Rohrführung nimmt zusätzlich die Komponenten der Sekundärbewaffnung auf.
Die Waffenwiege selbst ist Bestandteil des Schutzkonzeptes des SPz Puma. Aus diesem Grund wurde sie als Panzerstahl-Schweißkonstruktion konzipiert.
Das Dach der Waffenwiege wurde wegen des einfachen Zugangs zum Waffenaufnahmekörper als nach oben schwenkbarer Deckel ausgeführt. Innerhalb der Waffenwiege hat der höhenschwenkbare Waffenaufnahmekörper (WAK) die Aufgabe, sämtliche Aktuatoren und Sensoren zur Bedienung der Waffe aufzunehmen. Im Wesentlichen sind dies die leistungsstarke Verschluss-Spanneinrichtung, die Abfeuervorrichtung, sowie die Sicherungseinrichtungen der MK30-2/ABM. Zur Lagerung des Waffengehäuses verfügt der WAK über präzise Führungsgleitschienen, die während des Schießens die Rück- und Vorlaufbewegung der Waffe ermöglichen.
Die waffentypische Rücklaufenergie wird durch die Rückhol- und Bremseinrichtung (RBV) der MK30-2/ABM aufgenommen und gedämpft.

Da die Maschinenkanone nicht in ihrer Eigenkadenz von ca. 700 Schuss pro Minute betrieben wird, hat die Mechanik und Sensorik die anspruchsvolle Aufgabe, die Waffe im sogenannten »Schnellen Einzelfeuer (SEF)« zu betreiben. Hierzu wird der Verschluss nach jedem Schuss gefangen, einen exakten Zeitraum gehalten und wieder abgefeuert, damit eine Kadenz von 200 ± 15 Schuss erreicht werden kann. Mit dem Betrieb der Waffe im SEF wird erreicht, dass die hohen Anforderungen an die Schusspräzision (Reduzierung der Streuung) möglich werden.
Das Herzstück der Waffenanlage des SPz PUMA ist jedoch die Waffensteuerung. Nach höchsten Anforderungen an die funktionale Sicherheit konzipiert koordiniert sie die Interaktion zwischen den zahlreich eingesetzten Sensoren, Magnetaktuatoren und Elektromotoren. Um die für die Bundeswehr geforderten Sicherheitsstandards an militärische Systeme er-

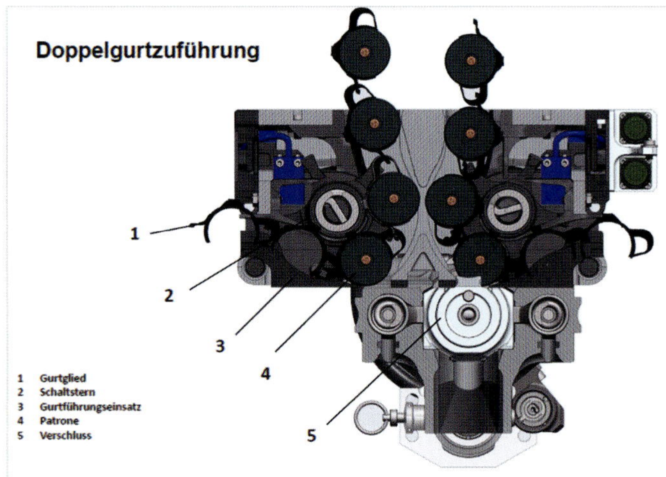

Die komplexe, aber dennoch robuste Doppelgurtzuführung erlaubt das wahlweise Laden von mehr als nur einer Munitionssorte. (PSM)

füllen zu können, wurden dazu durch die Rheinmetall Landsysteme GmbH wesentliche Elektronikkomponenten als Bestandteil der Waffensteuerung eigenentwickelt und eingesetzt. Sie bildet die Kommunikationsschnittstelle zum übergeordneten Turmsystem, in welches die Bewaffnungsanlage eingebettet ist. Hülsen und leere Gurtglieder werden innerhalb der Waffenwiege vom Doppelgurtzuführer der Waffe unterhalb bzw. oberhalb der Waffe bzw. des Waffenaufnahmekörpers durch das rechte Höhendrehlager ins Freie geführt. Ein sicheres Zerfallen des Gurtes wird über einen Gurttrenner je Munitionskanal realisiert.

Konstruktionsmerkmale

Die MK 30-2/ABM arbeitet nach dem Gasdruckladerprinzip und ist eine so genannte »Zuführende Waffe«, welche die im Doppelgurtzuführer (DGZ) bereitgestellte Patrone beim Vorlauf des Verschlusses aus dem Gurt herausschiebt und ins Patronenlager einführt. Durch die kinetische Vorlaufenergie verriegelt der Verschluss im Waffengehäuse und zündet die Patrone durch den Schlagbolzen. Die Gasdruckenergie des abgefeuerten Geschosses, welche durch Gaskanäle im Rohr

An der rechten Turmvorderseite befinden sich die beiden Hülsenauswurföffnungen (MK sowie MG-Gurtglieder) sowie – daneben – je ein Lüfteraustritt.

Magazin und Magazinabdeckung der MK-Munition im hinteren Turmbereich.

Links seitlich davon ist die Munitionsversorgungsklappe.

entnommen wird, fördert über gasbetriebene Antriebskolben dann die nächste Patrone in Zuführposition, entriegelt den Verschluss und schiebt diesen entgegen der Schließfederkraft wieder zurück in seine Ausgangsposition. Von dort aus wird durch die lafettenseitige Abfeuerbaugruppe der nächste Feuerzyklus initiiert. Durch den (DGZ) wird sichergestellt, dass auf Knopfdruck die vom Bediener angewählte Munitionssorte bereits exakt beim ersten Schuss zur Verfügung steht.

Aufgrund der lafettenseitigen Waffensteuerung kann mit der MK 30-2/ABM Einzelfeuer oder »Schnelles Einzelfeuer« mit ca. 200 Schuss in der Minute geschossen werden. Das weiterentwickelte Waffenrohr sowie die darauf abgestimmte Rohrführung der Waffenwiege gewährleisten eine hohe Treffpräzision aus dem Stand und während der Fahrt.

Wirkungsweise von Waffe und Munition

Im Zuge der Kaliberstandardisierung auf internationaler Ebene hat sich das Kaliber 30 mm für Schützenpanzer durchgesetzt. Die hohe Kampfreichweite und große Treffgenauigkeit von Waffen dieses Kalibers lassen eine Feuereröffnung auf stehende oder bewegliche Ziele zu, die mit Gewehren, schweren Maschinengewehren des Kalibers .50 (12,7 mm x 99) und Maschinenkanonen kleineren Kalibers nicht erreichbar sind.

Für die Bekämpfung von Zielen mit der MK stehen zwei Arten von Gefechtsmunition zur Verfügung, die direkt an der Hauptwaffe anliegen. Die ABM-Munition zur Bekämpfung von Flächen- und schwach gepanzerten Zielen sowie eine panzerbrechende Pfeilmunition (KE) APFSDS-T (Armour Piercing Fin Stabilized Discarding Sabot with Tracer).

Das ABM-System ermöglicht den Einsatz der KETF-Munition (Kinetic Energy Time Fuze), auch ABM (Air Burst Munition) genannt. Das Prinzip der von der Rheinmetall-Tochterfirma RWM Schweiz AG entwickelten 30-mm-KETF-Munition basiert auf

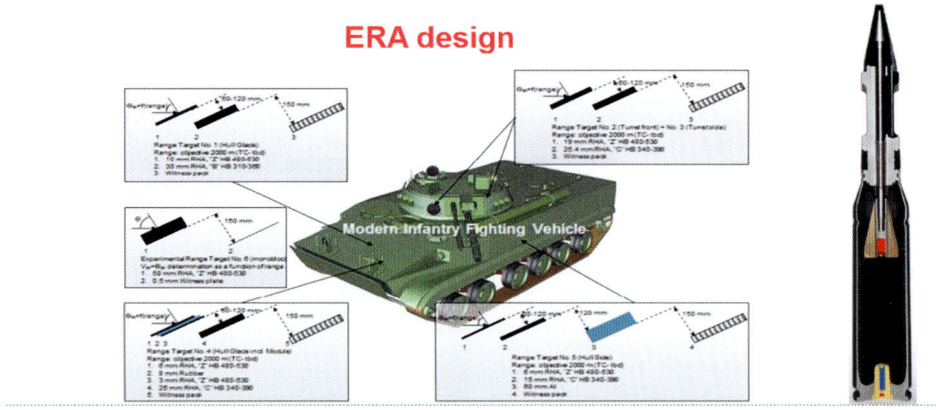

Diese Skizze verdeutlicht, wie unterschiedlich aufgebaut Reaktivschutz (ERA) sein kann. Nur leistungsfähige Penetratoren sind »erfolgreich«! (Rhm)

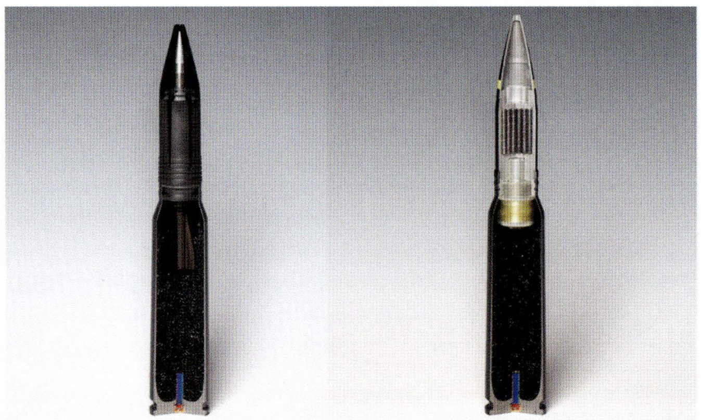

Beide Sorten der Gefechtsmunition nebeneinander im Bild, links die KE-Munition, rechts die Airburst-Variante. (PSM)

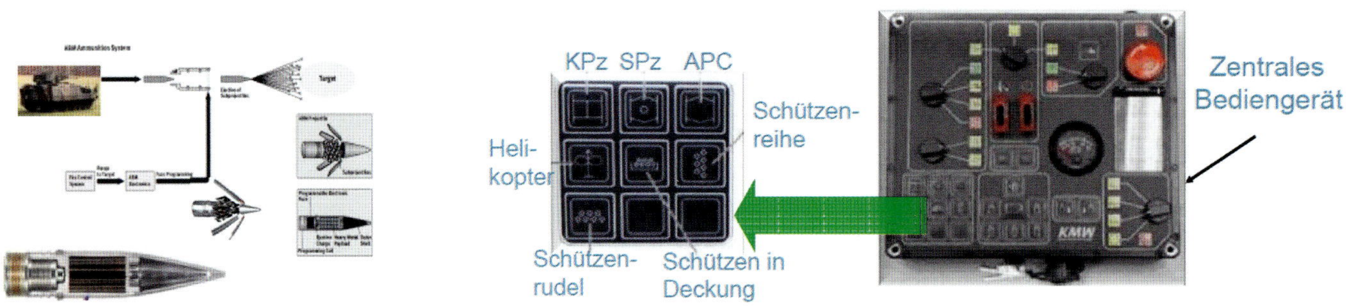

Der Airburst-Modus wird am ZBG gesteuert. (PSM)

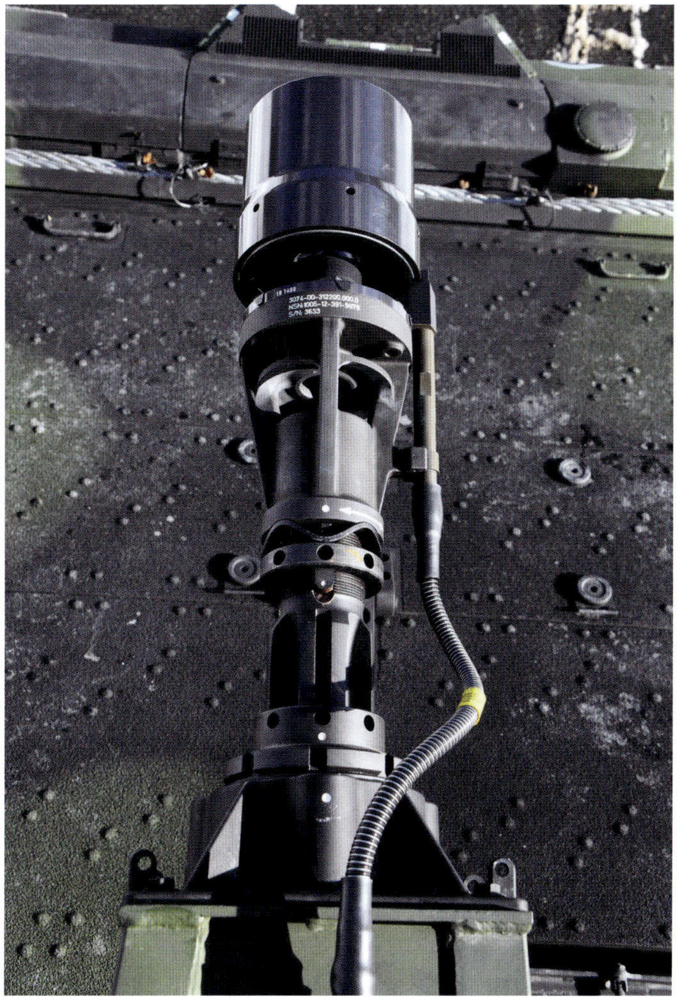

Foto des Mündungsanteils der MK-Rohres mit der Induktionsspule zur ABM-Programmierung und des V°-Mess-Sensors. (PSM)

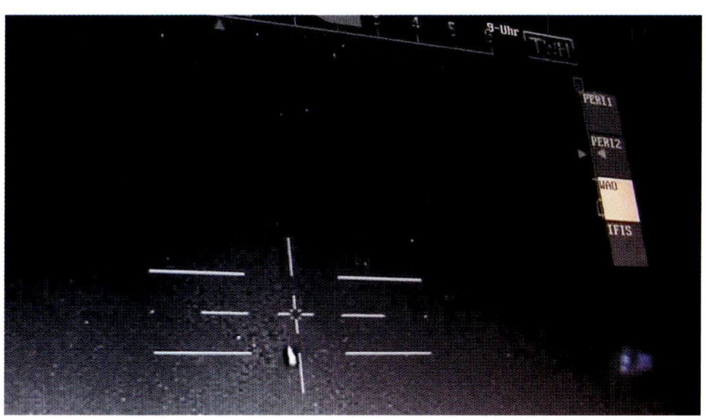

Sehr anspruchsvoll ist die Bekämpfung von Flugzielen, besonders wenn sie eher hoch und schnell unterwegs sind.

der NATO-qualifizierten AHEAD-Technologie.

Die Airburstmunition (ABM) kann über diverse anwählbare Zündermodi flugzeitgesteuert sehr vielseitig eingesetzt werden. Insbesondere die Airburst-Funktionalität erweitert die taktischen Einsatzmöglichkeiten durch die Option zur breiten- oder tiefengestaffelten Zielbekämpfung im Feuerstoß. Die normale Magazinbelladung beträgt 80 KE und 120 ABM-Patronen. Die Wirkung der 30-mm-KETF-Munition basiert auf einer Vielzahl von Wolfram-Subprojektilen, die sie präzise nach einer vorberechneten Flugzeit bzw. in der gewünschten Distanz vor dem Ziel ausstößt. Die einzelnen drallstabilisierten Subprojektile fliegen innerhalb eines engen Konus dem Ziel entgegen. Sie richtet sich somit vor allem gegen ungeschützte oder leicht gepanzerte Ziele und für die Bekämpfung feindlicher Optiken, auch stark gepanzerter Ziele, während die Pfeilmunition gegen Ziele mit mittlerer Panzerung wirkt. Im Gefecht der Verbundenen Kräfte vermag der PUMA auch hochwirksam Feindziele zu bekämpfen, die mit reaktivem Panzerschutz ausgestattet sind. Diese können dann nach Auslösen dieser Schutzmodule durch andere Kräfte effektiver bekämpft werden.

Ähnliches gilt bei Direkttreffern mit unprogrammierter Munition, hier wirkt die ABM-Munition als »Wuchtgeschoss« mit Splitterwirkung (Frangible Armour Piercing).

Das Feuerleitsystem bestimmt aufgrund der mit dem eingerüsteten Laser gemessenen Entfernung zum Ziel und der Art des Zieles den optimalen Bekämpfungsablauf (Feuerart und Zerlegungsdistanz vor dem Ziel). Durch unterschiedliche Zeitprogrammierungen der Munition in Verbindung mit der Munitionsausbringung, gesteuert durch den Feuerleitrechner, können verschiedene Zielszenarien bekämpft werden.

Im SPz Puma sind exemplarisch die folgenden Zielszenarien programmiert:

- Punktziele im Einzelfeuer,
- Punktziele im schnellen Einzelfeuer,
- Bekämpfung in der Tiefe durch Variation der Zerlegungsdistanz im schnellen Einzelfeuer und
- Bekämpfung von breiten oder ausgedehnten Zielen durch Variation von Richtpunkt der Waffe und Zerlegungsdistanz.

Bei jedem Schuss mit KETF-Munition erfolgt eine genaue Messung der Mündungsgeschwindigkeit des Geschosses durch die an der Mündung der Waffe angebrachte Mess- und Programmierbasis (MPB) und die dazugehörige ABM-Elektronik. Die gemessene Geschwindigkeit kann, bedingt durch innenballistische Einflüsse wie z.B. unterschiedliche Pulvertemperaturen, Verschleiß des Rohres, von einer für Normalbedingungen ermittelnden Anfangsgeschwindigkeit der Munition abweichen. Dies führt dazu, dass der für eine optimale Wirkung der KETF-Munition ermittelte Zerlegepunkt zu kurz oder zu weit liegt. Diese Abweichungen vom optimalen Zerlegepunkt werden in der ABM-Elektronik unter Einbeziehung der gemessenen Ent-

fernung berechnet und ein neuer Wert für den optimalen Zerlegezeitpunkt der MPB mitgeteilt. Der elektronische Zünder des Geschosses wird durch die MPB induktiv programmiert. Da jedes einzelne Geschoss beim Verschießen individuell programmiert wird, ermöglicht dieses Verfahren eine hohe Präzision des Zeitpunktes bzw. des Ortes der Zerlegung und somit eine hohe Treffsicherheit und Wirkung im Ziel. Die Programmierung des Zünders der KETF-Munition ist unabhängig von der Kadenz. Das Prinzip wird von Rheinmetall auch in der Flugabwehr verwendet. Hier sind Kadenzen von bis 1100 Schuss pro Minute üblich. Vergleichbare Munitionskonzepte mit Luftsprengpunkt führen in der Regel zur Reduzierung der Kadenz.
Neben diesen beiden Munitionssorten gibt es noch eine vollkalibrige Übungsmunition. Das Sortiment wurde ab 2021 um eine Übungsmunition mit verkürzter Reichweite erweitert, um so auch auf kleineren Übungsplätzen im scharfen Schuss trainieren zu können.
Mit seiner Kanone und der eingeführten Munition kann der PUMA Ziele bis auf 2.500 m Entfernung bekämpfen. Auf Luftziele kann bis auf 3.000 m Entfernung gewirkt werden.

Munitionsfluss für die MK

Der SPz Puma verfügt über einen Gesamtvorrat von 366 Schuss Munition im Kaliber 30 mm x 173 an Bord.
Das im Heck des Turmes angeordnete Ovalmagazin sowie der Munitionsfluss und der Zuführer verfügen über zwei starre Munitionskanäle. Die 30-mm-Munition wird, ausgehend von einem schneckenförmigen Magazin im Turmheck, der Hauptwaffe zugeführt. Der anliegende Munitionsvorrat beträgt 200 Schuss, aufgeteilt in den Munitionskanälen im Verhältnis 120/80 ABM/KE. Ein weiterer Munitionsvorrat von 166 Patronen, gegurtet in Strängen zu sechs Patronen, befindet sich in Wannenmagazin in der Kettenschulter des Fahrgestells.
An der Beladestelle des Magazins kann der Bediener die in Strängen à sechs Patronen angelieferte Munition werkzeuglos mittels einer integrierten Beladevorrichtung gurten bzw. beim Abmunitionieren wieder trennen.
Ausgehend von der Standposition des Bedieners ist es unter Zuhilfenahme des manuellen Förderantriebes möglich, die Munition durch die beiden Munitionskanäle bis unmittelbar in den Doppelgurtzuführer der MK30-2/ABM zu fördern.
Sobald der während des Beladevorganges stromlose Turm wieder energetisch versorgt wird, kann der Bediener durch die elektrische Nachschaltfunktion des Doppelgurtzuführers, die Munition in Zuführposition fördern und damit fernbedient die Feuerbereitschaft herstellen.
Das Munitionsförderkonzept ist so ausgelegt, dass die Munitionsgurte in zwei starren Kanälen getrennt voneinander zur Waffe geführt werden. Zur Unterstützung der Munitionszugkraft der MK30-2/ABM wird ein zusätzlicher Munitionsförderantrieb eingesetzt, welcher mit dem Abfeuersignal synchronisiert arbeitet. Ein Verdrehapparat stellt die Verbindung zwischen den starren Munitionskanälen und dem elevierenden Doppelgurtzuführer her. Er gewährleistet eine störungsfreie Munitionsführung beider Munitionsarten im gesamten Höhenrichtbereich von -10° bis + 45°.
Der Munitionsfluss ist je Zuführkanal mit jeweils einem Sensor »Munition Ende« und einer entsprechenden Nachmunitionierstelle ausgestattet. ausgestattet. Das Munitionsende wird dem Bediener ca. 27 Schuss vor dem tatsächlichen Munitionsende am Bedienplatz angezeigt.
Der Bediener kann entsprechend der Gefechtssituation entscheiden, ob er die Munition vollständig verschießt oder ob er zum Zeitpunkt der Meldung den Nachmunitioniervorgang einleitet.
Der Doppelgurtzuführer (DGZ) ermöglicht es, zwei verschiedene Munitionstypen zur Verfügung zu stellen und diese wahlweise zu verschießen. Der Richtschütze kann den jeweiligen Munitionstyp während des Kampfes individuell anwählen und ohne einen so genannten »falschen Schuss«, wie er bei Konzepten anderer Mittelkaliberwaffen notwendig ist, verschießen. Ein weiteres wesentliches Merkmal der MK30-2/ABM: Sie verfügt über die Fähigkeit zur elektrischen Munitionsnachschaltung und bietet die Möglichkeit zur Sensierung der Beladezustände innerhalb des Doppelgurtzuführers. Die zusätzliche Ausstattung des DGZ mit einer komfortablen fernbedienbaren Freilaufschaltung der Munitionsfördereinrichtung ermöglicht ein sehr effizientes Abmunitionieren der Waffe.

Sekundärbewaffnung

Als Flächenfeuerwaffe gegen ungepanzerte Ziele und infanteristische Kräfte nutzt der SPz PUMA das in der Bundeswehr eingeführte Maschinengewehr MG4 Kaliber 5,56 mm x 45. Die Sekundärbewaffnung ist achsparallel lafettiert, mechanisch fest mit der Rohrführung gekoppelt und wird gemeinsam mit der Hauptbewaffnung eleviert. Damit das MG4 fernbedienbar in den SPz PUMA eingerüstet werden kann, ist die Waffe mit einem speziellen Maschinengriffstück ausgestattet. Dieses erlaubt die Bedienung der Waffe an den zur Verfügung stehenden Schnittstellen und lässt sich darüber hinaus im Notfall auch manuell bedienen. Das Ersatzrohr sowie das Waffenreinigungsgerät werden in der Nähe der Waffe verstaut. Die Munition der Sekundärbewaffnung wird als Bestandteil der höhenrichtbaren Masse links der Rohrabstützung der Hauptbewaffnung in einem separaten Behälter (Fassungsvermögen 1.000 Patronen gelagert. Über einen Zuführkanal wird die Munition durch die Rohrabstützung der Maschinenkanone zum MG4 geführt. Das Munitionsende wird dem Bediener durch den Einsatz eines Sensors innerhalb des Zuführkanals mitgeteilt. Die leeren Patronenhülsen werden von der Waffe direkt in einen Sammelbehälter in der Rohrabstützung geführt und dort gesammelt.

Der Hülsensammelbehälter ist links von der BK-Rohrummantelung angebracht.

Panzerabwehrlenkflugkörper MELLS

Des Weiteren verfügt der SPz PUMA künftig über das Panzerabwehrlenkflugkörpersystem SPIKE LR) long range) von der Firma EuroSpike (20% Rafael ADS, je 40% Diehl und Rhm DE) der neuesten Generation zur Bekämpfung von gepanzerten Fahrzeugen, Hubschraubern, Bunkern oder Feldbefestigungen bis zu einer Entfernung von 4.000 Metern.
Anders als in allen herkömmlichen, existierenden Fahrzeugen konnte die WA-MELLS (Mehrrollenfähiges Leichtes Lenkflugkörper-System) in die Bedienarchitektur des PUMA integriert werden, d.h. zur Bedienung und Steuerung eines LFK MELLS werden die Richtgriffe verwendet, mit denen auch die MK 30 mm und das MG4 bedient werden. Die Überwachung des Lenkflugkörpers bis zum Eintreffen im Ziel erfolgt über die Displays der Hauptoptiken des PUMA, die auch die Sicht der LFK-Kamera darstellen können.
Soll das aufgefasste Ziel bekämpft werden, wird wahlweise der Tag- oder Nachtsichtkanal des Flugkörpers aktiviert. Das Bild

Das PzAbwSystem MELLS wurde nicht nur für den Fahrzeugeinbau sondern auch als reines Infanteriesystems für den abgesessenen Kampf genutzt. (EURO-Spike)

Der Gefechtskopf im Flugmodus mit den Aufklappflügeln, dem Triebwerk hinten und dem Suchkopf vorn. (EURO-Spike)

Aufgeklärte Ziele können mit dem WAO ebenso wie beim Einsatz der MK angerichtet werden (wie hier im Wärmebildmodus). Nähert sich der Flugkörper dem Ziel, wird es immer deutlicher auf dem Monitor angezeigt.

Der »normale« Zielanflug erfolgt schräg von der Seite. Wechselt jedoch der Richtschütze während dessen das Ziel, kann der FK aber auch von schräg oben aufschlagen.

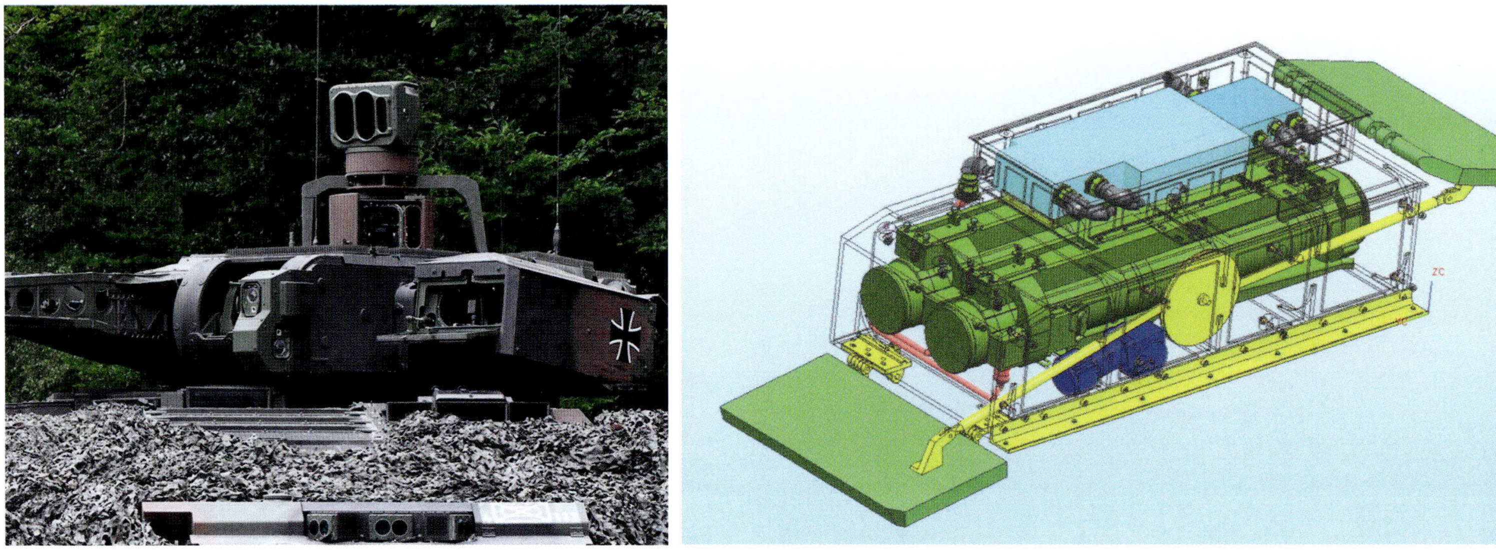

Die Waffenanlage MELLS ist an der linken Turmseite angebracht in Form einer Startplattform mit integrierter Systemelektronik. (PSM/RME)

des Flugkörper-Suchkopfes wird im Okular der Waffenanlage dargestellt. Mit dem Fadenkreuz wird das zu bekämpfende Ziel angerichtet und mittels »Lock On«
Befehl im Suchkopf bzw. in der Zielverfolgungselektronik »fixiert«. Sobald die Anzeige in der Optik signalisiert, dass die Zielaufschaltung (Graphic Overlay) erfolgreich war, kann der Flugkörper durch Betätigung des Feuerknopfes abgefeuert werden.
Abhängig von der Zielcharakteristik wird vor dem Abschuss die Flugbahn ausgewählt. Standard für Panzerabwehraufgaben ist die überhöhte Flugbahn.
Mit dem Verlassen des Startrohres wird der LFK auf der angewählten überhöhten oder gestreckten Flugbahn in das Ziel gelenkt. In dieser Phase hat der Schütze die zuvor beschriebenen Korrektur-Optionen, die sich aus der Glasfaser-Kommunikation ergeben.
Besonders hervorzuheben ist die Möglichkeit, den Flugkörper bei gepanzerten Fahrzeugen punktgenau auf Stellen mit dem schwächsten Schutz zu lenken bzw. bei Bunkern oder Feldstellungen gezielt in Maueröffnungen wie Schießscharten zu treffen.
Die Lenkung des MELLS basiert auf einem kardanisch aufgehängten, elektrooptischen Sensorsystem am Kopfende des Flugkörpers (Suchkopf). Dieser verfügt über zwei Detektoren, einen im Bereich des sichtbaren Lichtes (Tagsicht-Kanal) und einen weiteren im infraroten Wellenlängenbereich (IR-/Nachtsicht-Kanal). Beide bildgebenden Sensoren zusammen mit einem Lagesensor liefern die für die Lenkung notwendigen

Vor dem Abschuss eines LFK werden beide Klappen vorn und hinten des Doppelstartbehälters geöffnet, auch zum Nachladen. (PSM)

Daten, die in der nachgeschalteten Zielverfolgungselektronik und im Flugführungsrechner weiterverarbeitet werden. Diese Ziel- und Lagedaten sowie die »Fire &Forget«-Basisfähigkeit des Flugkörpers schaffen die Voraussetzungen den Lenkflugkörper auch »autonom« in das vom Schützen ausgewählte und aufgeschaltete Ziel zu lenken. Dabei spielt es keine Rolle, ob es sich um ein statisches oder bewegliches Ziel handelt.
Eine zusätzlich bidirektionale Lichtwellenleiter-Kommunikation zwischen Waffenstation (Schützen) und Flug-körper eröffnet folgende Optionen für »Fire and Observe« und »Non-line-of-sight (NLOS)«:

- Das vom Suchkopf aufgezeichnete Bild wird in der Waffenstation dargestellt und könnte dort auch aufgezeichnet werden.
- Das – aus der Perspektive des Flugkörpers (überhöhte Flugbahn) – aufgenommene Bild liefert zusätzliche Informationen über das Ziel und die Zielumgebung. Mit Annäherung an das Ziel werden Zieldetails sichtbar (als zukünftige Option könnten diese Zieldaten zeitgleich in einem Livestream zu einem Evaluation-Center – auf höherer Führungsebene – übertragen werden).
- Der Schütze kann auf der gesamten Flugstrecke den Haltepunkt korrigieren, vom Ziel ablenken (Missionsabbruch) oder auf ein neues Ziel wechseln.
- Die Option der Haltepunktkorrektur garantiert eine hohe Treffgenauigkeit und Ersttreffwahrscheinlichkeit und in Verbindung mit dem leistungsfähigen Gefechtskopfsystem eine hohe Zerstörwahrscheinlichkeit.
- Der Schütze kann darüber hinaus im NLOS-Mode Ziele, die aus seiner Feuerstellung nicht optisch aufzufassen sind, bekämpfen. Hierzu richtet und feuert er den LFK nach Zielkoordinate und korrigiert den Flugkörper nachdem das Ziel durch den Suchkopf erfasst wurde. Somit wird die Fähigkeit ermöglicht, Ziele hinter Deckungen bekämpfen zu können.

Im Schützenpanzer PUMA werden zwei, vom Gruppenführer oder Truppführer kurzfristig aktivierbare Lenkflugkörper mitgeführt, die sich in der Flugkörper-Startplattform an der linken Turmseite befinden. Die gepanzerte Startplattform verfügt über einen eigenen Elevationsantrieb.
Um die Flugkörper vor zu hohen Vibrationsbelastungen zu schützen gibt es einen inneren Vibrationsrahmen, der während der Fahrt entkoppelt und gedämpft wird und in der Feuerstellung bzw. beim Flugkörperstart »verzurrt« wird.
Am zentralen Bediengerät erscheint MELLS als eine Waffenoption des Waffensystemschalters, zusätzlich finden sich hier einige weitere notwendige Schalterfunktionen zum Betrieb des MELLS.
Im Februar 2022 wurde eine verbesserte Version MELLS LR2 mit einer Reichweite von nunmehr 5500 m. Er ist auch in einem Fire&Forget-Modus einsatzbar sowie im NLOS (non-Line of Sight-Modus), d.h. der Schütze sieht zunächst nicht das Ziel und kann später den Angriffswinkel wählen (direkt oder von oben).

Darüber hinaus wird zusätzlich die Turmunabhängige Sekundärwaffenanlage (TSWA) als adaptierbarer Anbausatz rechts am Heck des PUMA nachgerüstet werde.

Schutz

Der höchste Schutz der Besatzung stand im Mittelpunkt der Entwicklung des Schützenpanzers, unter anderem durch Einsatz des ferngesteuerten Turmes mit vollständiger Entkopplung der Waffen und der Munition vom sicher geschützten Mannschaftsraum. Auch die Reservemunition ist außerhalb des Mannschaftsraumes verstaut, somit gehören die Risiken durch die Umsetzung von Munition und auch Schussgasbelastungen der Vergangenheit an.
Um die maximale Schutzwirkung für die Besatzung zu erreichen, wurden auf unterschiedliche neueste Schutztechnologien gesetzt. So verfügt der Schützenpanzer PUMA über einen 360° Schutz gegen ballistische Wirkmittel durch passive Schutzelemente bestehend aus verschieden Materialien und Designs. Die Wannenseitenpanzerung besteht aus Stahl, auf den bis zu zwei Lagen (mit Keramik-Anteilen) applizierte Panzerung über stoßdämpfende Bolzen montiert sind. Nach Angaben von Rheinmetall Chempro wird unter anderem AMAP-B verwendet. AMAP-B ist eine ehemals von IBD Deisenroth entwickelte Verbundpanzerung, die bis zu viermal so viel Schutz pro Gewicht gegen kinetische Energiegeschosse bietet wie herkömmlicher Panzerstahl mit hoher Härte. Die leichten und mittleren Versionen von AMAP-B, die für den Schutz gemäß STANAG 4569 Level 1 bis 6 ausgelegt sind, bestehen aus na-

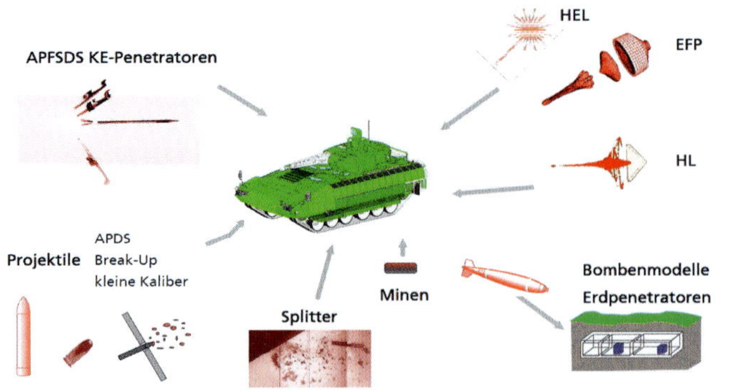

Das Wirk- und Bedrohungsspektrum ist vielfältig und agiert von allen Seiten, mehr und mehr auch von Drohnen ausgebracht. (Fraunhofer)

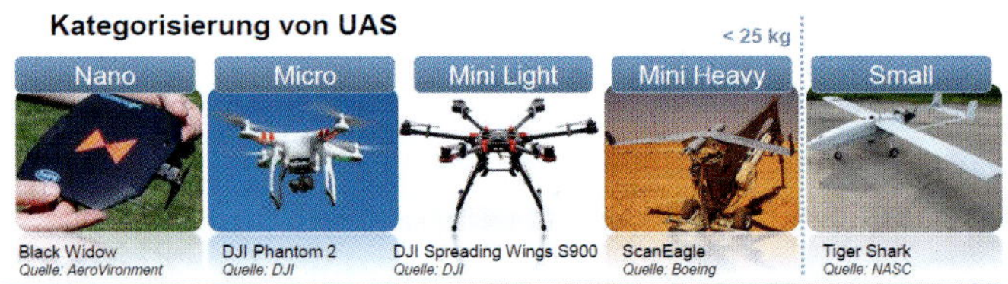

Kategorien	MTOW [kg]	Airframe	Payload [kg]	Reichweite [km]	Geschwindigkeit [km/h]	Flugdauer [h]	Flughöhe [m]
Nano	< 0,5	FW&RW	< 0,1	< 1,5	0 – 80	< 0,5	< 100
Micro	< 2	FW	< 0,25	< 10	30 – 100	< 1,5	< 1.500
		RW	< 1	< 5	0 – 80	< 0,75	< 1.000
Mini Light	< 10	FW	< 2	< 25	32 – 150	< 3	< 3.000
		RW	< 5	< 10	0 – 90	< 1	< 1.500
Mini Heavy	< 25	FW	< 6	< 50	35 – 180	< 5	< 4.000
		RW	< 12	< 25	0 – 120	< 2	< 2.000
Small (Close Range)	< 150	FW	< 30	< 150	50 – 300	< 12	< 6.000
		RW	< 50	< 100	0 – 140	< 6	< 3.000

Eklatant zugenommen hat auch die Bedrohung durch taktische Drohnen, die Infanteristen angreifen oder – mit Bomblets oder sogar mit Flugkörpern ausgestattet – Fahrzeuge bekämpfen können. (IABG)

nometrischem Stahl mit hoher Härte und Nanokeramik. Dabei handelt es sich um moderne Materialien mit modifizierter Mikrostruktur (bei Keramik liegt die Korngröße unter einem Mikrometer und damit im Nanometerbereich), was zu einer höheren Härte und weniger Zersplitterung bei wiederholtem Aufprall von panzerbrechender Munition führt. Die Verbundmodule sind auf eine flexible Aramidrückseite geklebt, die mit einer Splitterfolie auf einer Stahlplatte bedeckt ist. Die Motorentlüftung ist außerdem mit einem zusätzlichen Panzerungsmodul geschützt, das aus schrägen und beabstandeten Metallplatten besteht. Der hintere Teil des Fahrzeugs ist ebenfalls mit einer Lamellenpanzerung bedeckt.
Auf den Turm- und Wannendachflächen werden auch stark geneigte Schichtmodule verwendet, die aus nicht-explosiver

Für Arbeiten am Laufwerk müssen die Seitenschutzmodule abmontiert werden. (PSM)

Reaktivpanzerung (NERA) sowie Verbundpanzerungsanteilen bestehen, die an den Gehäuseplatten verschraubt sind. Die NERA-Schicht befindet sich über der Hauptverbundpanzerung. NERA besteht in der Regel aus zwei Metallschichten (Stahl, Aluminium oder Titan), zwischen denen eine eingeschlosse-

Dieses Foto verdeutlicht die Befestigungen der Schutzelemente an dem Wannengehäuse.

Am Fahrzeugheck ist eine sogenannte Gitterabstandspanzerung angebracht, die Hohlladungsgefechtsköpfe zur Frühdetonation bringt.

ne/komprimierte Schicht aus einem elastischen Material wie Gummi liegt. Beim Aufprall dehnt sich der Gummi aus und die Panzerung wölbt sich. Dies ist hochwirksam gegen geformte Ladungsdüsen, die auf raketengetriebenen Granaten (RPGs) und Panzerabwehrlenkraketen (ATGMs) eingesetzt werden. Durch die Ausbeulung gelangt mehr Material in den Eindringpfad und es entsteht eine störende Wirkung, die den geformten Ladungsstrahl stark abschwächt.

Zusätzlich wird auf Dachflächen der polyvalente Dachsschutz »IGEL« aufgesetzt, der die Wirkung von Bomblets um ca. 80% senkt sowie gegen Splitter wirkt. Der Schutzaufbau beträgt 29 kg/m^2.

Weiterhin werden zum Schutz gegen Gefechtsköpfe mit Hohlladungen, wie sie in Panzerfäusten verwendet werden, reaktive Schutzelemente erstmals in einem deutschen Gefechtsfahrzeug verbaut.

Hohlladungen besitzen aufgrund des speziellen Eindringmechanismus (Hydrodynamisches Eindringen) sehr hohe Wirksamkeit gegen alle bekannten Panzerungsmaterialien, fast unabhängig von der Härte. Um gegen solche Bedrohungen sicher zu sein, erreicht man schnell erhebliche Gewichte von Panzerungen. Bereits im Fall der weit verbreiteten Ladung des Gefechtskopfes der RPG 7 V würde man bei einer zugrundeliegenden Eindringtiefe in Stahl von ca. 320 mm für jeden Quadratmeter zu schützender Fläche mehr als 2,5 Tonnen benötigen. Großkalibrige Lenkflugkörper könnten aber deutlich mehr als 1 m Panzerung durchschlagen! Dem gegenüber stand die Forderung, dass der SPz PUMA einen rundum effektiven Schutz gegen Hohlladungen sowie eine Vielzahl anderer Bedrohungen erhalten soll. Reaktivschutz ist hier eine geeignete Antwort. Der Reaktivschutz (ERA, Explosive Reactive Armour) ist seit längerem bekannt. Der prinzipielle Aufbau ist sehr einfach. Zwischen zwei Platten (aus Metall oder auch aus Verbundwerkstoff) ist eine Schicht aus Sprengstoff angebracht, dieses sogenannte Sandwich oder »Wirkelement« ist schräg zur Einfallsrichtung der Bedrohung ausgerichtet. Ein auftreffender Hohlladungsstrahl löst den Sprengstoff aus, der dann die Platten unter Winkel dem Strahl entgegen beschleunigt.

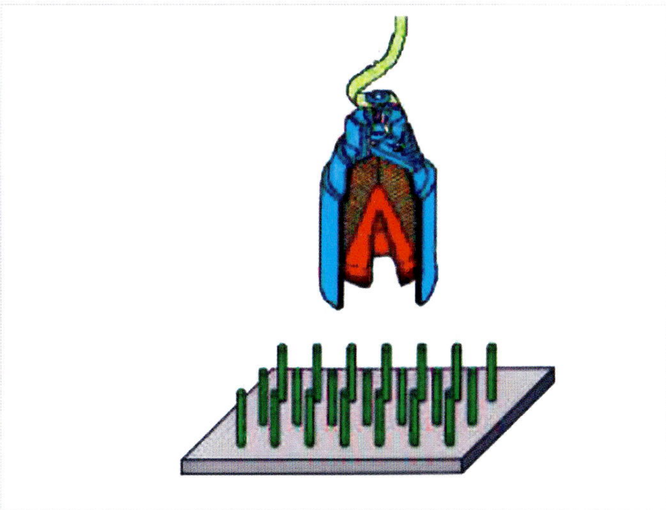

Dieses Schaubild verdeutlicht, wie Sprengkörper oberhalb der eigentlichen Panzerung schon zur Detonation gebracht werden. (GEKE)

Die IGEL-Flächen sind auf und rechts vom Turm sowie auf dem Heck.

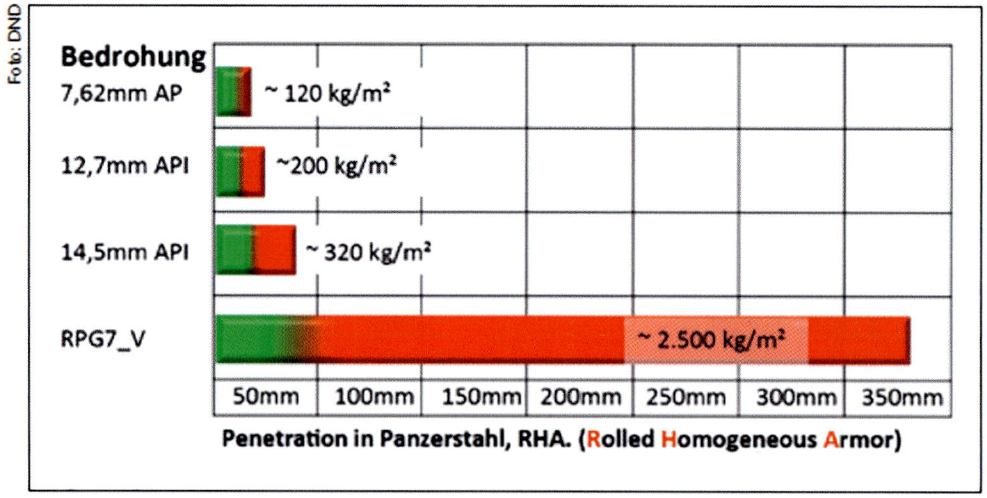

Veranschaulichung der zum Schutz notwendigen Stahldicken und Flächengewichte

Diese Tabelle verdeutlicht, welch hoher Anteil an reinem Panzerstahl verwendet werden müsste um ausreichende Schutzwerte zu erzielen. (DND)

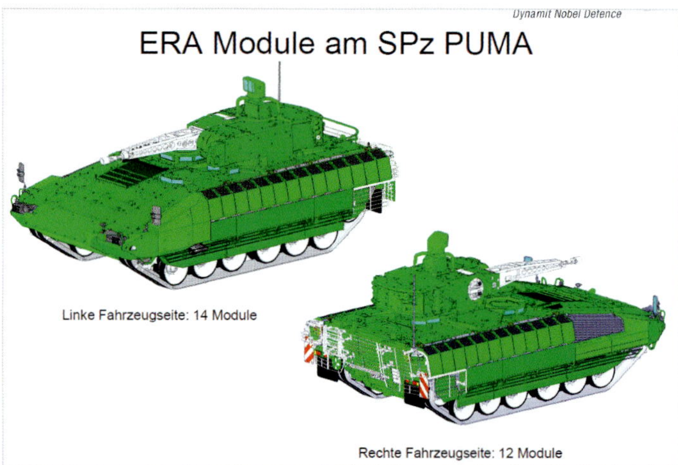

Diese Schaubilder zeigen die Reaktivschutzmodule an beiden Seiten. (PSM)

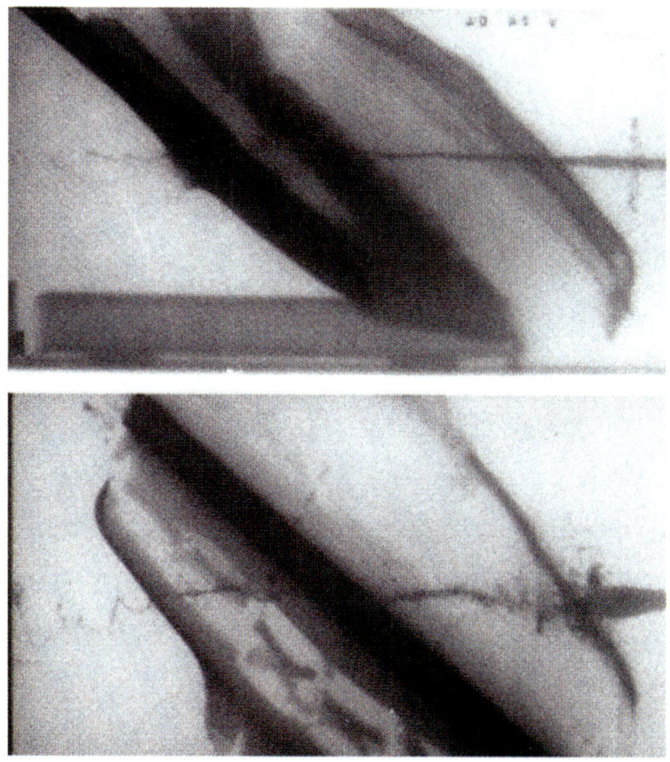

Wirkungsweise des Reaktivschutzes mit Sprengstoff zwischen zwei Hartplatten (Metall oder Verbundwerkstoff). Der auftreffende Hohlladungsstrahl löst den Sprengstoff aus, so dass dann die Platten ihm entgegen beschleunigt werden und somit immer neues Material zu durchdringen ist und der Blast abgeschwächt wird. (DND)

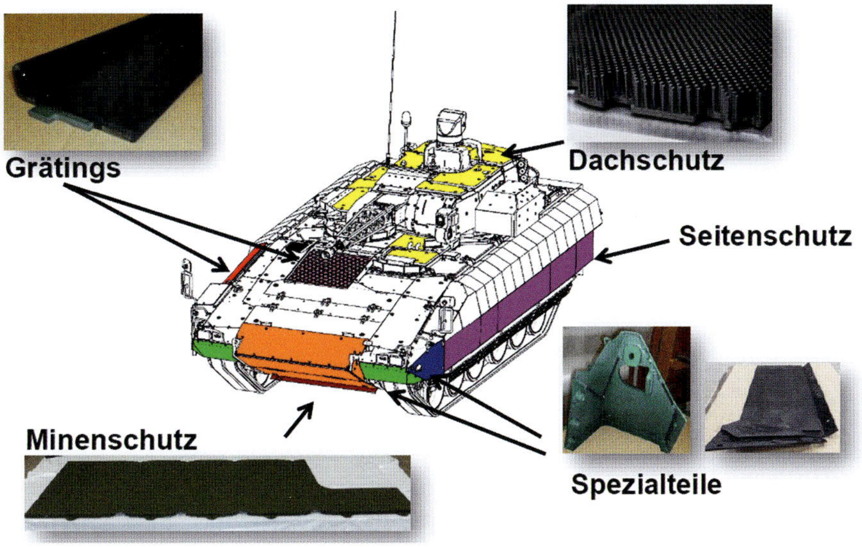

Diese Skizze zeigt die Schutzanteile, die der Schützenpanzer zusätzlich zum (re-)aktiven Schutz benötigt. (GEKE)

So findet der Strahl immer neues zu durchdringendes Material vor, und der Blast des Sprengstoffes wirkt massiv störend auf die anfliegenden Strahlpartikel und baut auch die kinetische Energie ab. Dieser Mechanismus führt zu einer drastischen Verringerung der Eindringtiefe. Für Reaktivschutz werden nur extrem unempfindliche Sprengstoffe verwendet, die ausschließlich bei einem Auftreffen eines Hohlladungsstrahls detonieren und ansonsten passiv bleiben, auch bei Beschuss mit Maschinenkanonen und leistungsstarker KE-Munition. Der verwendete insensitive und damit sichere Sprengstoff gewährleistet, dass nur vom Hohlladungsstrahl direkt getroffene Wirkelemente detonieren, benachbarte unbeschädigt bleiben. Der Schutz ist darüber hinaus robust gegenüber Beanspruchungen beim Betrieb der Fahrzeuge, auch bei Kollisionen z.B. mit Bäumen, Gebäuden und Hindernissen im Gelände.
In der Praxis kommen Reaktivschutzelemente in geschlossenen Kästen, den sogenannten Modulen, zum Einsatz. Sie enthalten eine bestimmte Menge an Wirkelementen in geeigneter Anordnung, und sind gewichtsmäßig so bemessen, dass sie notfalls von der Besatzung des Fahrzeuges ohne großen Aufwand montiert, demontiert oder auch ausgetauscht werden können. Bei Dynamit Nobel Defence GmbH in Burbach wurde der Reaktivschutz für den SPz PUMA entwickelt, qualifiziert und gefertigt. Schon bei der Entwicklung wurde darauf geachtet Kollateralschäden weitestgehend auszuschließen. Dies konnte durch Verwendung von Verbundstoffplatten und Kunststoffschrauben gelöst werden, die sich nach Umsetzung des Sprengstoffs in unmittelbarer Nähe des beschossenen Fahrzeuges zerlegen und keine schnellen und gefährlichen Splitter erzeugen. Auch die Sprengstoffmenge, die zusätzlich zum angreifenden Gefechtskopf umsetzt, führt nachgewiesenermaßen nur zu weit unterkritischen Belastungen des Fahrzeuges und der Besatzung. Bei der Umsetzung sind natürlich Personen, die sich im Bereich neben dem Fahrzeug aufhalten potentiell gefährdet. Bei Verwendung von Reaktivschutz kann davon ausgegangen werden, dass man eine Gewichtsersparnis gegenüber Panzerstahl von ca. 80% erreicht. Aus Sicherheitsgründen müssen die SPz z.B. in Kasernen in speziellen Sicherheitsbereichen abgestellt werden.
Bei ersten Überlegungen erwog man, an allen seitlichen Hauptflächen ERA-Module anzubauen, also nicht nur oben sondern auch unten vor dem Laufwerk. Aufgrund der Erfahrungen mit zum Teil großvolumigen IED (improvisierte, meist am oder auch unter dem Boden platzierte behelfsmäßige Sprengsätze) stattete man die unteren Seitenflächen dann mit passiven Panzerschutz aus, was zwar das Gesamtgewicht um ca. 150 kg erhöhte, jedoch auch die Gesamtmenge an Sprengstoff außen am Fahrzeug um rund 187 kg verringerte.
Mit einem qualifizierten Minenschutz erfüllt der Schützenpanzer PUMA die höchsten NATO Standards u.a. durch den Einsatz patentierter polivalenter (Gewichtsreduktion um ca. 50%) Kompositwerkstoffe und optimal gegen eine Minenbedrohung ausgelegte flexible und ergonomisch bequeme Gurtsitze.

Ergänzt wird das Schutzkonzept des PUMA durch das Multifunktionale Selbstschutz System (MUSS). Bei diesem handelt es sich um eine Einrichtung zur Abwehr anfliegender Lenkflugkörper, welches auf der Wirkkombination eines Jammers und eines multispektralen Nebels basiert. Als Softkill-System ist es nicht etwa die Aufgabe des MUSS, den LFK beispielsweise

Eklatant angestiegen sind Gefährdungen von unten sowie von den Seiten durch Minen und platzierte Ladungen. Hier im Bild der zusätzlich unter der Wanne montierte Minenschutz sowie seitlich der stark nach unten gehende Seitenschutz, so dass nur der Federweg der Laufrollen frei bleibt. (PSM)

Der Minenschutz ist so an der Wannenunterseite angebracht, dass er auch den unteren Frontbereich schützt, da moderne Minen nicht – wie früher - durch die Kettenberührung ausgelöst werden, sondern mittels Sicht- und Massesensoren.

durch Beschuss zu zerstören, sondern vielmehr durch gezielte Irreleitung eine Selbstzerstörung oder Flugbahnablenkung des LFK zu erwirken, ohne dass dieser den SPz PUMA trifft. Es setzt sich aus der Zentralelektronik, vier Sensorköpfen pro System, einem Jammerkopf, der Jammerelektronik, dem Steuergerät und zwei richtbaren Nebelmittelwurfanlagen (RiWA) mit pyrotechnischer MUSS-Munition zusammen. Das Warnsystem basiert auf vier MUSS-Hybridsensorköpfen und beinhaltet Raketen- und Laserwarnsensor in einem einzigen Gehäuse.

Die Daten werden an die Zentralelektronik übertragen, wo die Endverarbeitung erfolgt

Die passiven MUSS-Sensorköpfe beobachten kontinuierlich das Gefechtsfeld ohne eigene Strahlung zu imitieren.

Basierend auf der Bedrohungsmeldung, die die Richtung der Bedrohung und andere Parameter beinhaltet, wird der Fahr-

Zum Erreichen von Wartungsverschlüssen oder auch zum Bahntransport können die Schutzelemente entfernt bzw. hochgeklappt werden.

Für den normalen Ausbildungsbetrieb gibt es jetzt den Schutzlevel »G« ohne die ERA-Module. (PSM)

zeugbesatzung die Bedrohung angezeigt. Je nach gewählter Betriebsart des Systems werden die Gegenmaßnahmen entweder automatisch oder erst nach Bestätigung durch die Besatzung eingeleitet. Die entsprechende Art von Gegenmaßnahmen wird in der folgenden Reihenfolge automatisch aktiviert. Zunächst ist dies der IR-Jammer, der in der Lage ist, die meisten der derzeit im Einsatz befindlichen ATGM zu stören. Dabei wird der Regelkreis zwischen Rakete und deren Steuereinheit derart beeinflusst, dass die Rakete ihr Ziel nicht erreicht und in den meisten Fällen weit vor dem geschützten Fahrzeug auf dem Boden aufschlägt. Der IR-Jammer ist in Azimut und Elevation drehbar und wird automatisch in Richtung der Bedrohung gesteuert. Die zweite Gegenmaßnahme ist der Einsatz einer speziellen Nebelgranate, die durch die richtbare Nebelmittelwurfanlage aktiviert wird.
Als passiver Bildsensor arbeitet der Raketenwarner im solarblinden Teil des UV-Spektrums und beobachtet kontinuierlich die Umgebung. In der erdnahen Solarblindregion gibt es keine natürliche Hintergrundstrahlung.
Die durch die UV-Raketenfahnenbestrahlung erzeugte Raketensignatur wird im Raketenwarner vorverarbeitet und anschließend an die Zentralelektronik zur Weiterverarbeitung übergeben.
Der Laserwarner beinhaltet ein spezielles hochintegriertes Detektorelement mit einer hohen Empfindlichkeit und Winkelauflösung. Der Laserwarner-Sensor kommuniziert mit einem Datenbus und überträgt alle Alarme an die MUSS-Zentralelektronik.
Bei der Entscheidung für das Softkill System MUSS wurde intensiv gegenüber der Leistungsfähigkeit von Hardkill Systemen abgewogen. Taktische Vorteile sprechen bei der Panzergrendiertruppe für das Softkill System.

Zum System Schutz zugehörig verfügt der PUMA

- über eine ABC-Sammelschutzanlage und der Fähigkeit zum Reagieren auf COX-Gefahren,
- einen A-Sensor und einen C-Sensor zum Erkennen von Kampfstoffen in der Luft,
- ein Schutzsystem gegen Transient Radiation Effects on Electronics (TREE-Bedrohung) und Mikrowellenwaffen,

Schaubild des Softkill-Schutzsystems MUSS mit dem IR-Jammer oben auf dem Turm, den Sensoren an beiden Turmvorderseiten (LASER/UV) und der richtbaren Wurfanlage hinten links am Turm. (PSM)

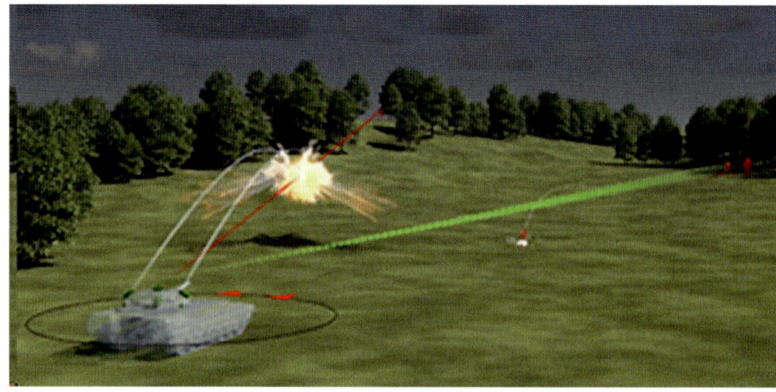

Diese Schaubilder verdeutlichen die Abwehraktion mit Hilfe der grün angezeigten Sensoren durch das Entgegenschleudern eines Wirkkörpers. (Hensoldt)

Dieses Foto zeigt die richtbare Wurfanlage und den links darüber angeordneten IR-Jammerkopf sowie zwei Sensoren nach hinten bzw. nach rechts gerichtet. (PSM)

Hier im Bild der komplette Baugruppensatz der MUSS-Anlage. (Hensoldt)

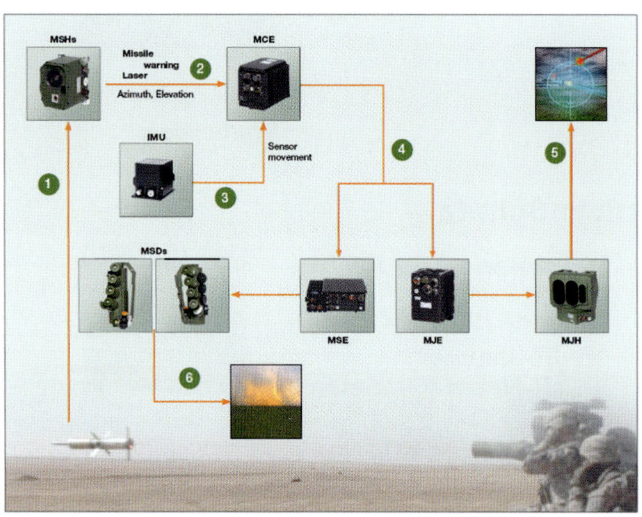

Die MUSS System-Architektur besteht aus rundum angebrachten Radarstrahl-Sensoren (1) deren Warnsignale der Besatzung mit Richtungsangabe angezeigt werden (2) sowie die momentane Ausrichtung des Fahrzeugs (3). Dem entsprechend wird die Abwehrmaßnahme automatisch (von der Besatzung änderbar) ausgewählt (4) und entweder zum Jammerkopf (5) oder Wurfanlage (6) geleitet. (Hensoldt)

- sowie über eine Feuerlöschanlage im Triebwerksraum und einer Brandunterdrückungsanlage (FA/BUA) im Mannschaftsraum.

Die Belüftungs- und ABC-Schutzanlage – abgeschottet in der rechten Kettenschulter untergebracht – besteht aus zwei Belüftungsgeräten, gesteuert durch je eine Innen- bzw. Außenmessleitung. Sie versorgt den Besatzungsraum mit gereinigter Luft; Überdruck verhindert das Eindringen kontaminierter Anteile.
Zur Detektion von ionisierender Strahlung verfügt der PUMA über ein Strahlenspür-/Verstrahlungsmessgerät (SVG 2), genannt A-Sensor.
Der C-Sensor befindet sich rechts neben der Heckklappe unter einer Schutzabdeckung. Mit ihm werden chemische Kampfstoffe detektiert und identifiziert und als Warnmeldung am ZBG angezeigt.
Rechts am MKF-Platz befindet sich ein Gaswarngerät zur Messung von CO/CO2-Schadgasen, das bei Detektion optisch und akustisch warnt.
Die FA/BUA verfügt über insgesamt fünf Löschmittelbehälter DeuGen-N, gesteuert durch ein an der Schottwand im Kampfraum angebrachtes Steuergerät. Die Funktion bzw. eventuelle Störungen werden dem MKF an seiner BAE angezeigt. Zum Initiieren des Löschvorgangs werden für den Kampfraum die Schaltelemente an den Löschmittelbehältern angesteuert, bei der Anlage für den Triebwerkraum pyrotechnische Zündkörper.

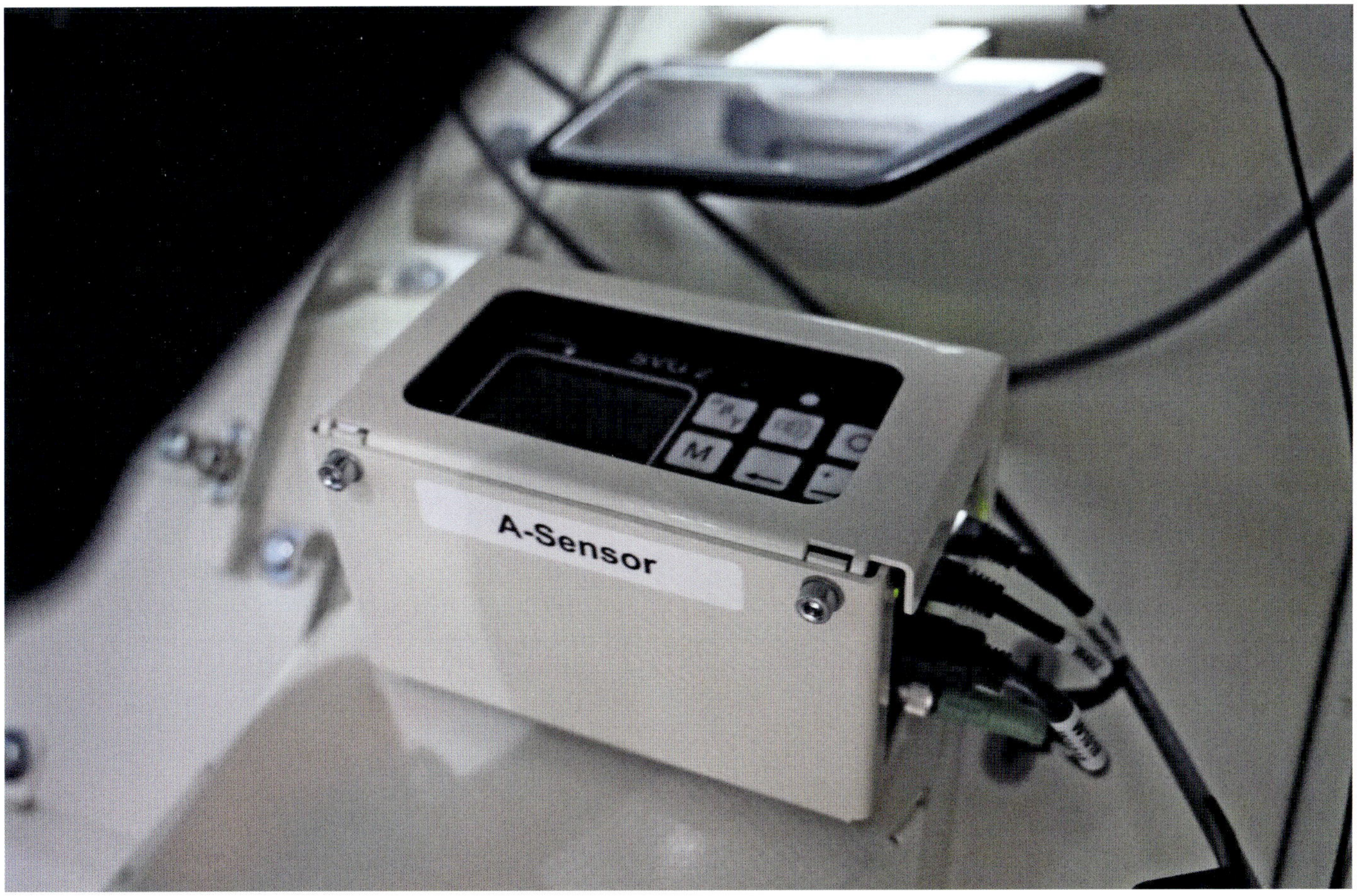

Foto vom A-Sensor

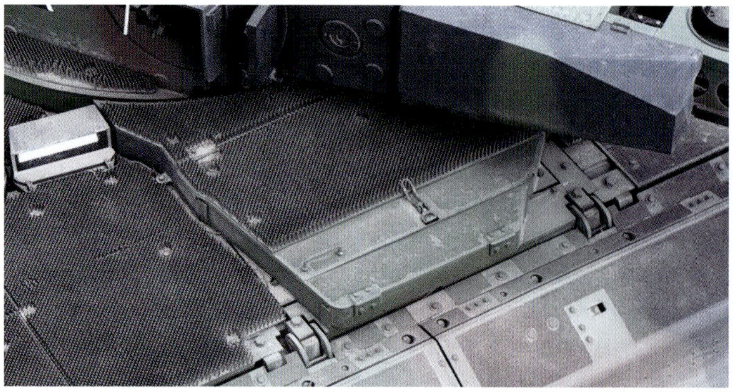

Bild von der geschlossenen ABC-Schutzanlagenklappe rechts neben dem Turm.

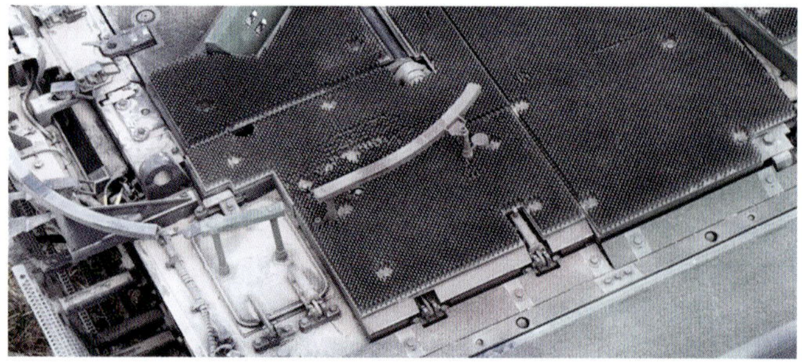

Da sich aus Schutzgründen in der Wannenoberseite keine Verstauräume befinden, gibt es eine Reihe von diesen auf dem Wannenheck, wie hier rechts neben der Heckluke ein Magazin für rund 20 30-mm-Patronenboxen und dahinter (im Bild links) ein weiteres für Werkzeug, Reservekettenverbinder sowie MUSS-Munition.

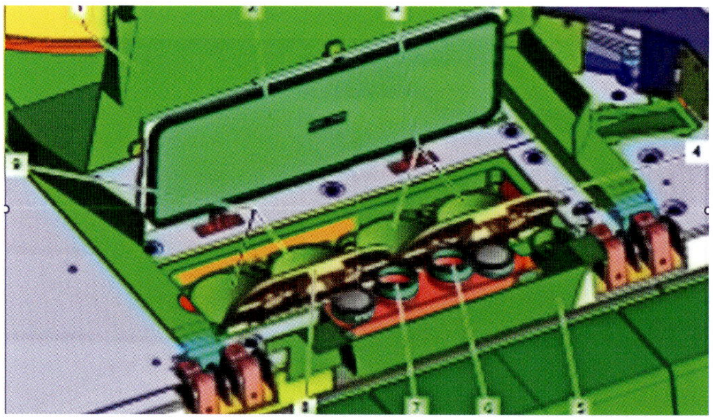

Schaubild der ABC-Schutzanlage unter dem geöffneten Klappdeckel. (Deugra)

Unter der Abdeckplatte befinden sich die vier Filterkammern, bestückt mit je zwei Schwebstoff-Filtern (Klappen geöffnet), darüber die Außenlufteinlässe.

Der C-Sensor befindet sich hinten rechts neben der Hecktür. (PSM)

Zur Steigerung der Durchhaltefähigkeit ist ebenfalls eine Klima- und Heizanlage integriert. Auch der Verzicht auf eine zentrale hydraulische Anlage mindert ein Brandrisiko. Die kombinierte Kälte-, Vorwärm- und Heizungsanlage wird am entsprechenden Bedienfeld der BAE des MKF gesteuert.

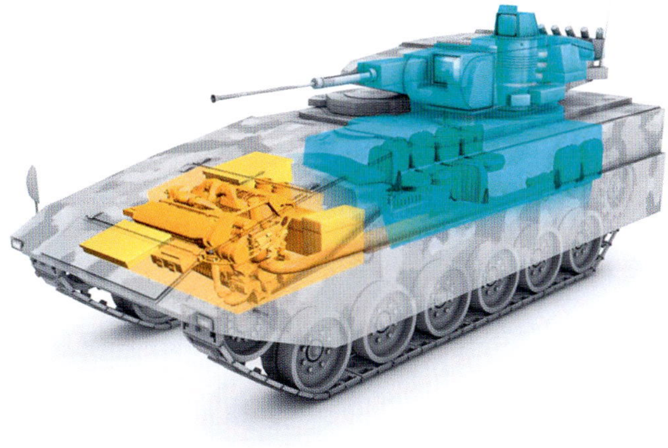

Schaubild der BUA (vorn) und der FLA im Besatzungsraum. (Deugra)

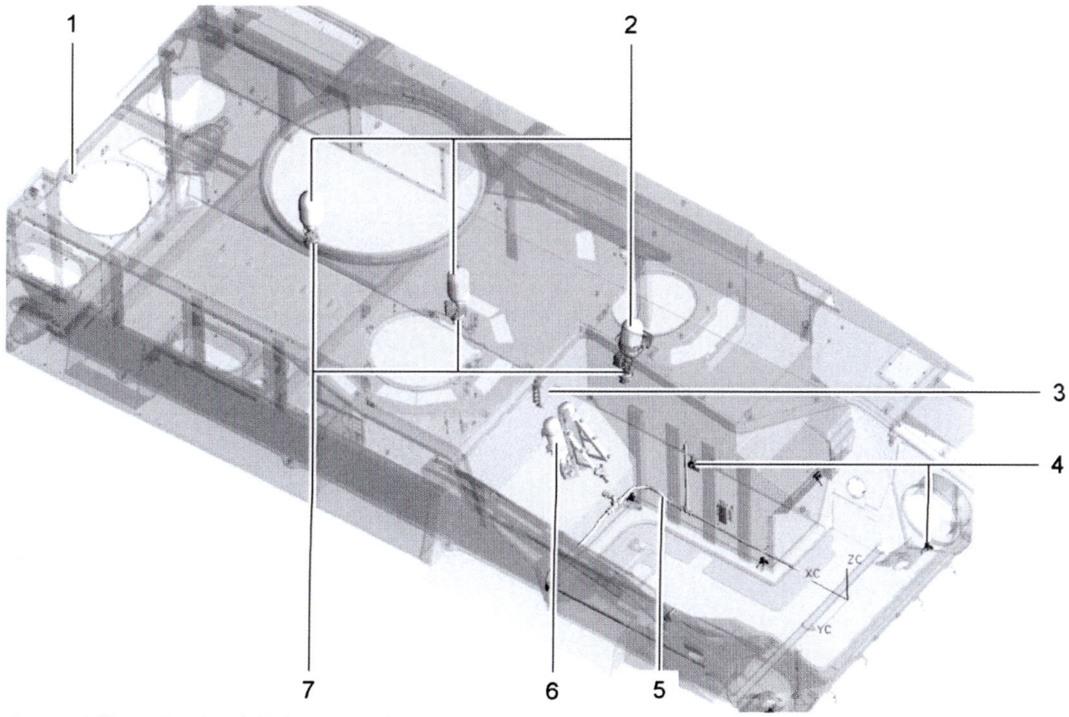

Feuerlösch- und Brandunterdrückungsanlage

1 vier optische Sensoren der Brandunterdrückungsanlage (BUA) im Kampfraum
2 drei Löschmittelbehälter (BUA)
3 Steuergerät
4 acht DTF-Wärmefühler der Feuerlöschanlage (FA) im Triebwerkraum
5 Löschmittelrohre
6 zwei Löschmittelbehälter (FA)
7 drei Ausströmdüsen

Bauanteile der FLA und der BUA. (Deugra)

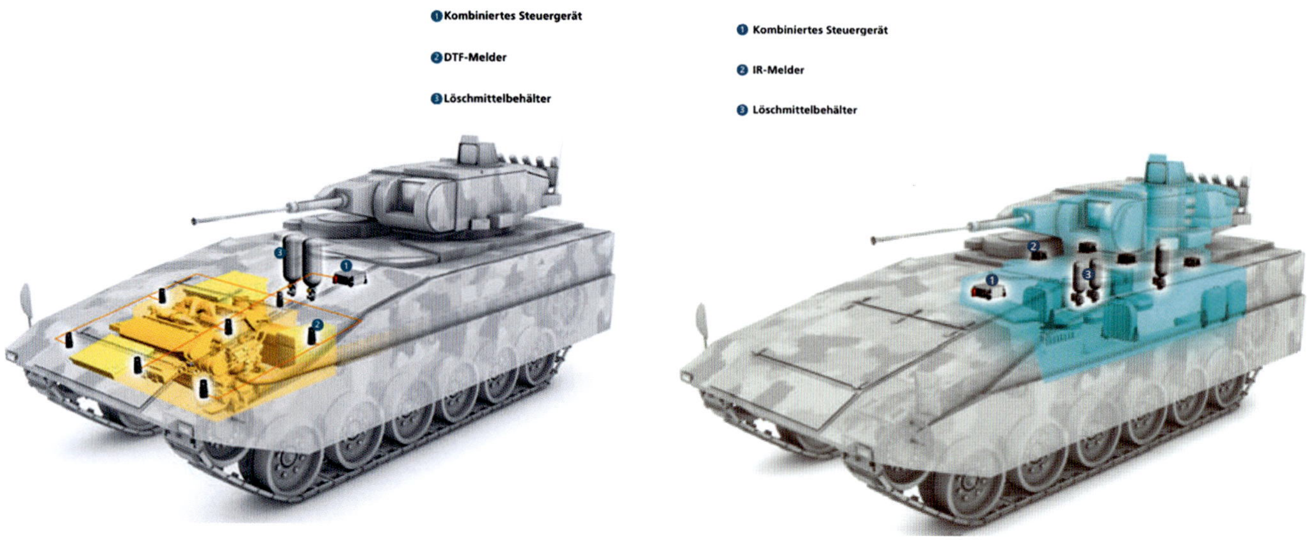

Die Hauptbaugruppen der BUA (gelb) und der FLA (blau). (Deugra)

Fotos des FLA Steuergeräts mit dem Anzeige- und Bedienteil sowie dem Bedienschalter und eines der Löschmittelbehälters. (Deugra)

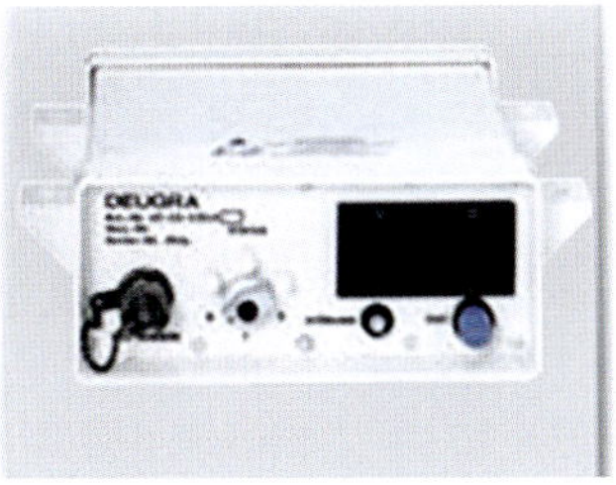

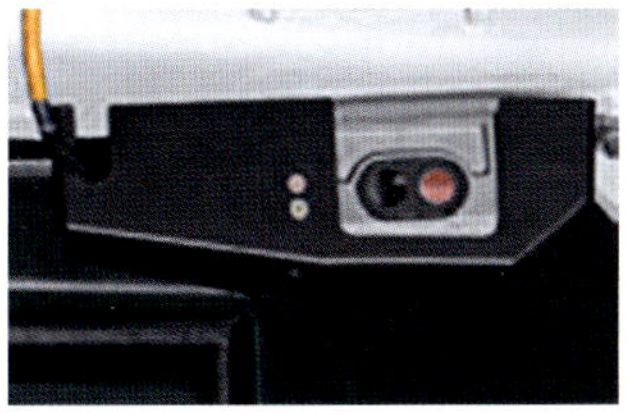

Links das BUA-Steuergerät mit einem Testschalter unter dem Display, der Störungsanzeige und daneben den Wahlschalter, rechts im Bild der IR-Detektor. (Deugra)

Eine Nebelmittelwurfanlage – in MUSS integriert – stellt die Fähigkeit zur Maskierung des gesamten Systems gegen Aufklärung mit optischen und optronischen Sichtmitteln im gesamten Spektrum des sichtbaren und des infraroten Lichtes sicher. Der Verschuss von taktischem Nebel aus der TSWA erhöht die Durchhaltefähigkeit der Kampfbeladung.

Mobilität

Antrieb und Laufwerk

Auch bei der Konzeptionierung und Konstruktion der Fahrgestellanteile wurde der Notwendigkeit einer möglichst kompakten Bauweise Rechnung getragen. Dies wird insbesondere bei der Ausführung des Antriebssystems deutlich.

Kernstück des PUMA-Antriebes ist das Triebwerk mit Schwungradgenerator und integrierter Kühlanlage. Aufgrund der Forderung nach maximaler Leistung bei minimalem Gewicht fiel die Wahl beim Motor auf die 10-Zylinder-HPD-Maschine (High

Im Wannenfrontbereich ist in Kombination der Getriebetriebwerk-Block verbaut. (PSM)

Power Density), die bei gleicher Leistung ca. 50 Prozent weniger Bauvolumen als vergleichbare Motoren hat.

Zusammen mit dem modernen und ebenfalls gewichtsoptimierten HSWL-Getriebe 256 (Hydraulisches Schalt-, Wende- und Lenkgetriebe) sowie dem GABEL-System (Generator, Anlasser, Bordnetzversorgung, Elektrische Lüfter) definiert das Triebwerk des SPz PUMA den neuesten Stand der Technik für militärische Kettenfahrzeuge.

Das MTU-Antriebs-PowerPack besteht aus einem Zehnzylinder-Motor der MTU-Baureihe 890, dem RENK HSWL-6-Gang-Getriebe, einem Startergenerator und einer Kühl- und Luftfilteranlage. Der Motor ist dabei mit dem Getriebe über den Startergenerator in L-Form verblockt.

Dank dieses cleveren Aufbaus nutzt das PowerPack den vorgegebenen Motorraum optimal aus. Es ist so kompakt wie kein anderer militärischer Antrieb jemals zuvor mit einem Masse-Leistungs-Verhältnis von knapp eineinhalb Kilogramm Motorgewicht pro Kilowatt Leistung.

Um den Anforderungen an Leistungsdichte und -gewicht gerecht zu werden, verfolgte MTU mit dem neuen Zehnzylinder-Motor der Baureihe 890 erstmals ein konsequentes Motor-Downsizing-Konzept. Auch den Schwungrad-Startergenerator, der einen entscheidenden Beitrag zur platzsparenden Bauweise des PowerPacks leistet, hat MTU entwickelt, gemeinschaftlich mit der Firma VINCORION (früher ESW). Er stellt 170 Kilowatt elektrischer Leistung bereit und ist dabei so klein, dass er in einer gewöhnlichen Motor-Getriebeverbindung untergebracht werden konnte.

Der Dieselmotor vom Typ 10V 890 verfügt über einen Hubraum von 11 Litern.

Eine wichtige Rolle spielt dabei die intelligente Steuerungs- und Überwachungstechnik:
Das PowerPack-Managementsystem hält den Motor jederzeit im optimalen Drehzahlbereich und passt ihn damit optimal der jeweiligen Fahrsituation des Fahrzeugs an.
Zwei schaltbare Turbolader mit einstellbaren Turbinenleitschaufeln sorgen für ein Drehmoment von bis zu 2.400 Newtonmeter bei 3.200 Umdrehungen.
Im unteren Drehzahlbereich arbeitet nur ein Lader, damit der Abgasstrom effizient in Ladedruck und damit in Leistung und Drehmoment umgesetzt werden kann.
Zusätzlicher Bauraum wird dadurch gespart, dass die üblicherweise außen am Motor angebrachten Baugruppen wie Ölfilter und Ölkühler in das Motorgehäuse integriert sind.
Mit 80 Kilowatt und 1,1 Litern Hubraum pro Zylinder ist der PUMA-Motor 10V 890 einzigartig in seiner Leistungsklasse.
Die Anlasserleistung beträgt 170 kW, basierend auf acht 12V/100Ah-Starterbatterien.
Für den Einsatz in staubigen Einsatzgebieten vgl. Wüstengebieten hat MTU ein zweistufiges Luftfiltersystem entwickelt. Zwei Absauggebläse sorgen dafür, dass der Grobstaub kontinuierlich abgesaugt wird, bevor die Verbrennungsluft den zwei Turboladern zugeführt wird. Der Feinfilter ist erst nach den Turboladern angeordnet. Dadurch kann der Feinfilter enorm klein ausgeführt werden. Der Gesamtabscheidegrad der Luftfilteranlage beträgt 99,9 Prozent.
Neben einer effizienten Luftfilteranlage benötigt der Motor eine entsprechende Kühlung. Sie sorgt dafür, dass die volle Motorleistung auch bei sehr hohen Außentemperaturen abgerufen werden kann. Beim PUMA erfolgt ein intelligentes Thermomanagement durch drei getrennte Kühlkreisläufe.

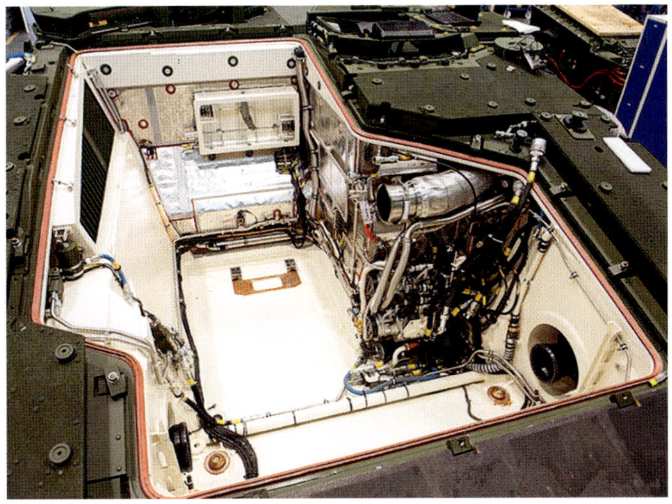

Der Triebwerkblock kann nach Abheben der Bugplatte, dem Lösen der Seitenvorgelege und der Schnellverschlüsse für die Kraftstoff- und Energieversorgung sowie der Steuerungsanteile rasch entfernt werden. (PSM)

Der Hochtemperaturkreislauf kühlt den Motor und einen Teil des Ladeluftkühlers, der Niedertemperaturkreislauf kühlt die Endstufe des Ladeluftkühlers sowie Motor- und Getriebeölkühler. Der dritte Kreislauf kühlt kontinuierlich die Elektronik.
Auch dank dieser Lösungen gilt der PUMA-Antrieb als das innovativste PowerPack für Antriebe von Schützenpanzern weltweit. Ab Mai 2024 erhielt die Instandsetzungsorganisation 53 neue Triebwerke als Umlaufreserve für routinemäßige Generalüberholungen im Auftragswert von 129 Mio EURO.

Das Seitenvorgelege SPF 1801 im montierten Zustand

Das Seitenvorgelege SPF 1801

An beiden Seiten überträgt je ein Seitenvorgelege die Antriebsenergie und treibt die beiden Antriebsräder an. (Renk)

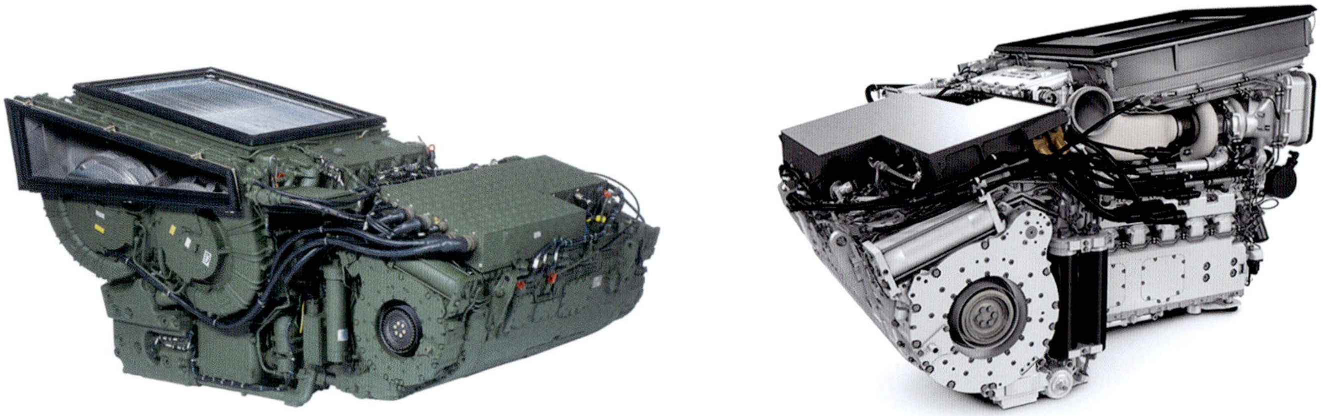

Rechts-Linksaufnahmen des Antriebsblocks mit den beiden seitlichen Antrieben und der Brennluftansaugung oben. (MTU)

Mit Hilfe eines Bergepanzers kann bei Bedarf ein defekter Triebwerkblock gegen einen im Huckepack-Modus auf dem Heck transportiertes Ersatztriebwerk ausgetauscht werden.

Für routinemäßige Wartungs- und Kontrollaufgaben werden dafür vorgesehene Klappen auf der Motorraumabdeckung geöffnet.

Die Auspufföffnung befindet sich links vorn seitlich.

Rechts vorn ist das Kühlluftgräting, dass zu Wartungszwecken hochgeklappt werden kann. Davor befindet sich ein Hebeöse.

Die Eintrittsöffnung für die Motorkühlluft ist zentral über der Motorraumabdeckung angeordnet.

Das Getriebe HSWL 256 von Renk für den Einsatz im SPz PUMA ist das aktuellste Produkt der Getriebereihe HSWL (Hydraulisches Schalt-, Wende- und Lenkgetriebe) und wurde folgend auch in anderen Fahrzeugen verbaut (z.B. LYNX).

Das 6-Gang-Getriebe beinhaltet im wesentlichen Planetenradsätze und Lamellenkupplungen bzw. -bremsen. Im 6-Gang-Getriebe integriert ist ein Wendesatz, so dass nahezu gleichwertige Vor- und Rückwärts-Fahrgänge zur Verfügung stehen. Aufgrund von fahrzeugseitigen Einschränkungen sind jedoch der 5. und 6. Gang rückwärts elektronisch gesperrt.
Das 6-Gang-Schaltgetriebe besteht im Detail (Reihenfolge vom Drehmomentwandler zum Abtrieb) aus

- einem 2-Gang-Splitter, bestehend aus zwei Planetensätzen und zwei Schaltbremsen,
- einem Wendegang bestehend aus zwei Planetensätzen und zwei Schaltbremsen mit fast identischer Übersetzung Vorwärts/Rückwärts und
- einem 3-Gang-Getriebe bestehend aus zwei Planetensätzen, zwei Schaltbremsen und einer Schaltkupplung.

Zur stufenlosen Lenkung des Fahrzeugs besitzt das Getriebe ein hydrostatisch-hydrodynamisches Überlagerungslenkgetriebe. Durch die Lenkeinheit – bestehend aus einer Axialkolbenpumpe und dem dahinter liegenden Axialkolbenmotor – wird die der Lenkhebelbewegung proportionale Drehzahl in die Nullwelle geleitet. Diese treibt über Zwischenräder die

Bild vom Getriebeanteil mit integrierter Elektronik und Sensorik, Wandler und Druckregler anstelle einfacher Steuerung. (Renk)

Die direkt vom Motor angetriebene hydrostatische Lenkeinheit, bestehend aus einer stufenlos regelbaren Axialkolbenpumpe und einem Axialkolbenmotor, leitet die angesteuerte Drehzahl in die Nullwelle ein. (Renk)

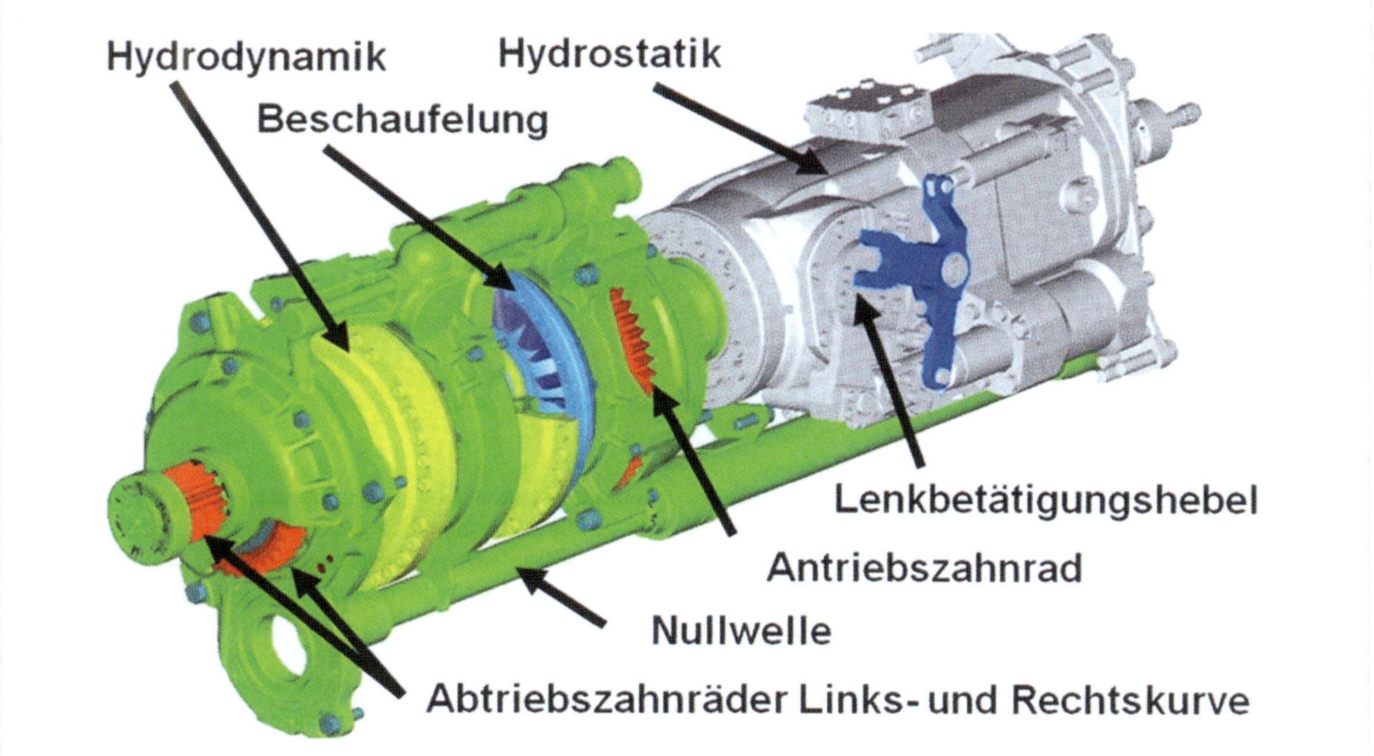

Hier die schematische Darstellung der Lenkanteile. (Renk)

Schaubild der hochleistungsfähigen zweiseitigen Bremsanlage. (Renk)

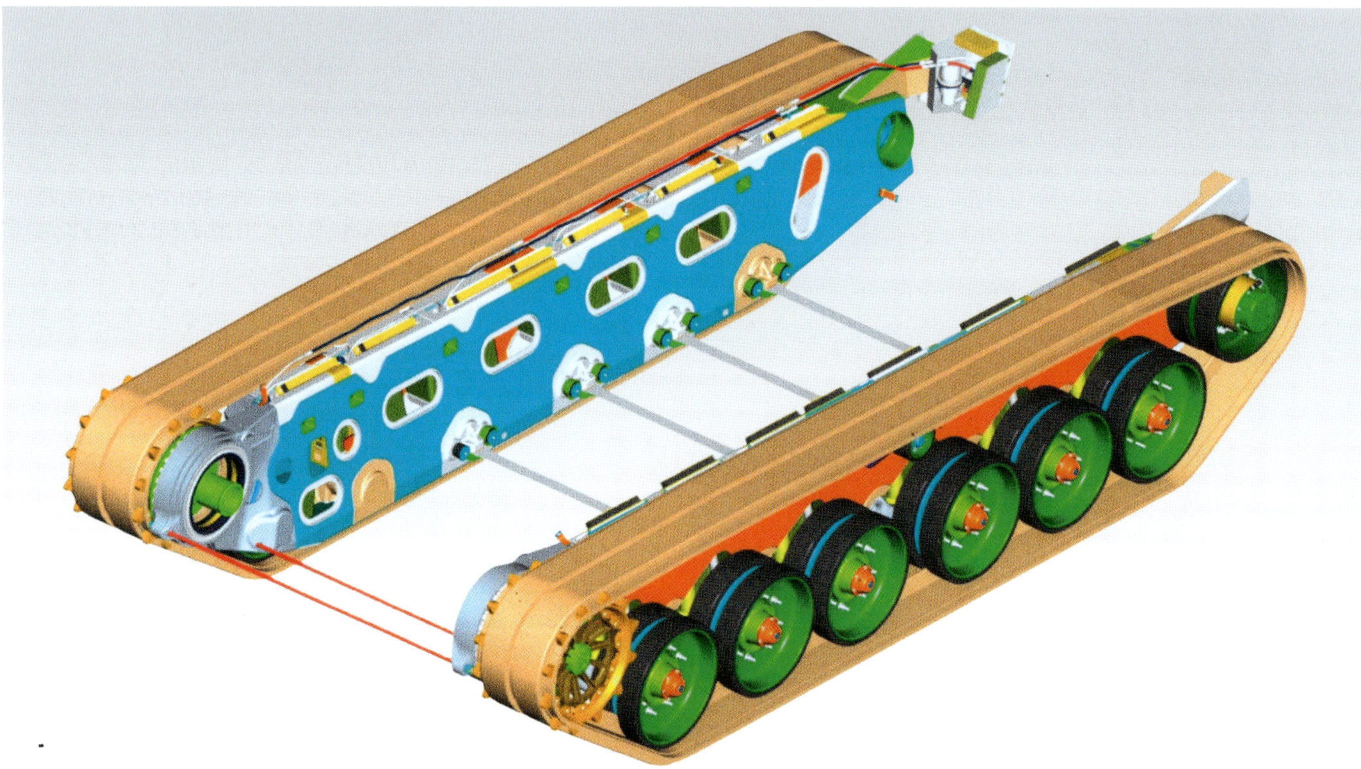

Das entkoppelte Laufwerk muss nicht mit allen Aufhängungen einzeln montiert werden. (KMW)

Räder der Lenkdifferentiale links und rechts in gegenläufiger Drehrichtung und gleicher Drehzahl an. Diese wird der Antriebsdrehzahl des Schaltgetriebes überlagert und ergibt so die unterschiedlichen Drehzahlen der Kettenräder und bewirken das Maß der gewünschten Kurvenfahrt. Auch exaktes Wenden um die Hochachse ist anwählbar.
Die Bremsanlage (Betriebs- und Feststellbremse) ist komplett im Getriebe integriert und besteht aus

- zwei an den Getriebeabtrieben angebauten mechanischen Betriebsbremsen (Reibungsbremsen),
- einer abtriebsseitig angeordneten hydrodynamischen Betriebsbremse (Sekundär-Hochleistungsretarder) sowie
- den hydraulischen Druckerzeugungs-, Speicher- und Regeleinrichtungen für die Bremsbetätigung.

Bezüglich der Positionierung der Kühlung fiel die Wahl auf eine Frontkühlanlage. Die Gründe dafür liegen ebenfalls in der konsequenten Verfolgung der Kompaktbauweise.
Zum einen ist die Frontkühlanlage direkt mit dem Triebwerksblock verbunden, was den Vorteil hat, keine langen und schwer

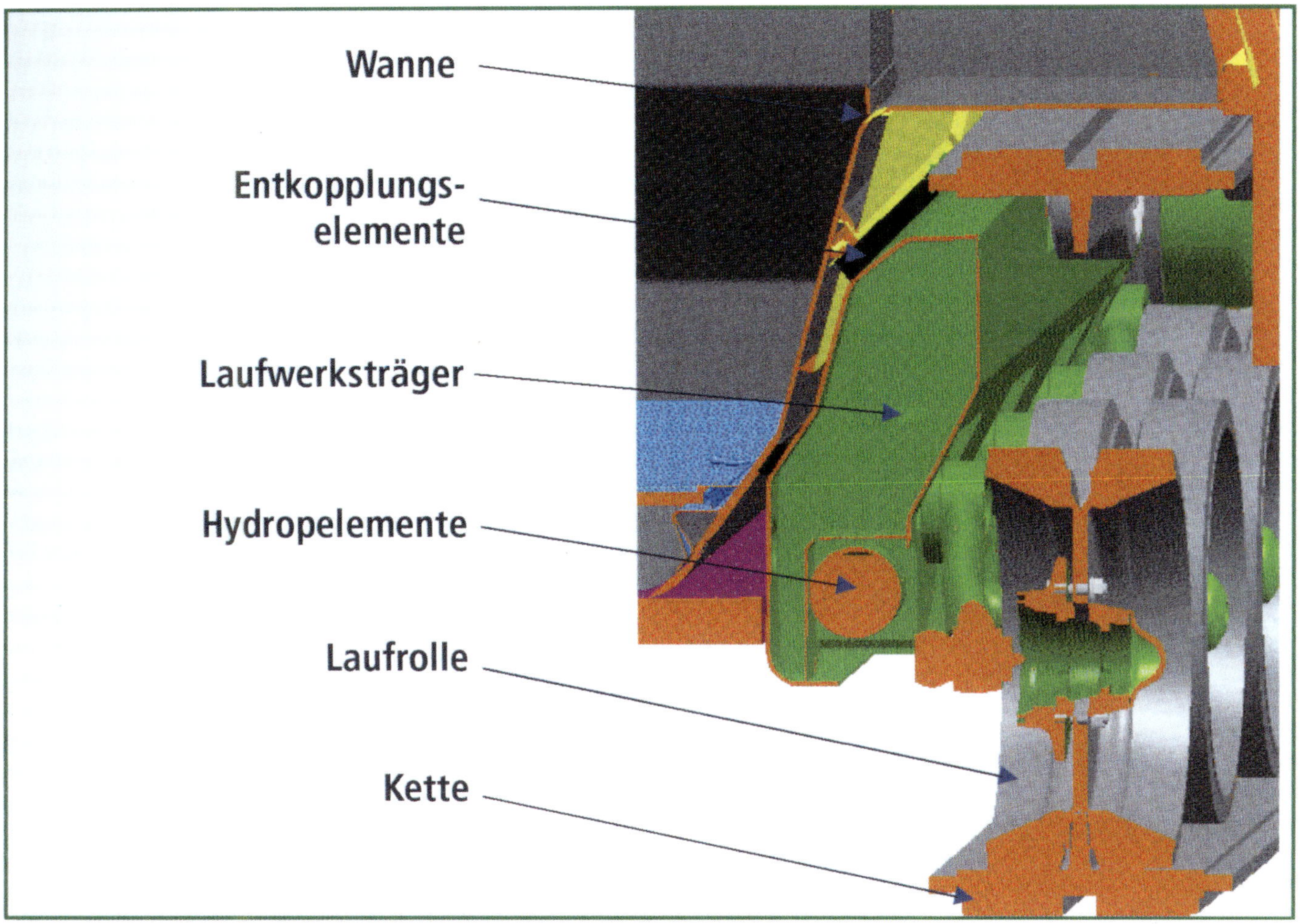

Hier der schematische Aufbau des entkoppelten Laufwerks. (PSM))

zugänglichen Rohrleitungen verlegen zu müssen. Zum anderen ist so der Heckbereich des Fahrzeuges frei für Verstauung von Ausrüstung oder anderen Fahrzeugkomponenten und kann besser an die erforderlichen Bedürfnisse angepasst werden. Dem SPz PUMA wird u. a. dadurch die grundsätzliche Eignung als Plattformträger auch für andere Varianten ermöglicht.

Zur Reduzierung von Vibrationen und Körperschallpegeln ist erstmals ein entkoppeltes Laufwerk ausgeführt. Durch die schwingungstechnische Entkopplung von Laufwerksträger und Wanne sind signifikante Reduzierungen der beiden Störgrößen möglich, die den Erhalt der Leistungsfähigkeit der Besatzung sowie eine hohe Verweildauer im Fahrzeug ermöglichen, was die Durchhaltefähigkeit im Einsatz erhöht.

Das Laufwerk des Schützenpanzers PUMA setzt durch seinen Aufbau und seine Funktionalität neue Maßstäbe für Kettenfahrzeuge. Neben der Integration der Laufwerkskomponenten übernimmt das Laufwerk gleichzeitig Schutzaufgaben und beinhaltet den Großteil des Kraftstoffvolumens. Weiterer positiver Nebeneffekt ist die Reduzierung der Brandgefahr im Innenraum des Fahrzeuges durch die externen Kraftstoffbehälter. Weiterhin erzeugt das entkoppelte Laufwerk zusätzlichen Nutzraum in der Fahrzeugwanne, da die Drehstabanteile wegfallen. Dieses hat mit Blick auf den Schutz durch IED weitere Vorteile für den Innenraumschutz erzeugt.

Die Abkopplung des Laufwerks von der Wanne erfolgt mit Hilfe sogenannter Laufwerksträger, an die sämtliche Laufwerkskomponenten wie Endantrieb, Tragarme mit Laufrollen, Feder-Dämpfer-Elemente, Endanschlagdämpfer, Umlenkrollen, Kettenspanner und Stützrollen montiert werden.

Dieses »Laufwerksmodul« wird mit Hilfe von Gummilagern elastisch an der Wanne befestigt und reduziert so die eingeleiteten Schwingungen in das Fahrzeug.

Bei den Laufwerksträgern handelt es sich um stabile Schweißkonstruktionen, die den unterschiedlichen Beanspruchungs- und Fertigungsanforderungen gerecht werden. Um die konsequente Leichtbauweise verwirklichen zu können, werden

Schematische Darstellung der entkoppelten Aufhängung. (PSM)

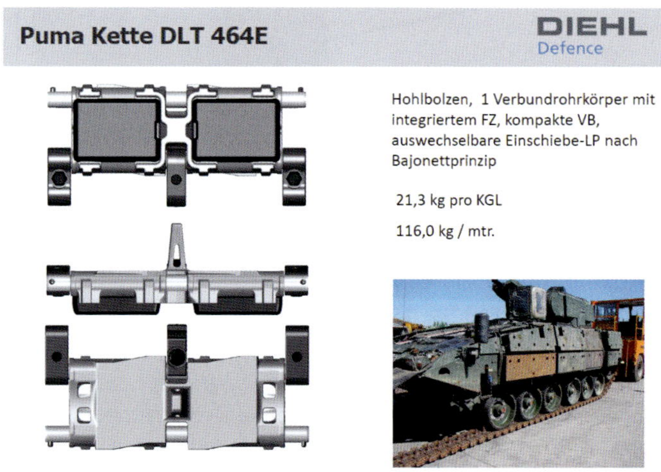

Diese Zeichnung zeigt die einzelnen Bauanteile der Gleiskette, die mit entsprechendem Werkzeug auch von der Besatzung gewartet werden kann. Sie besteht aus je 72 Kettengliedern pro Seite. (Diehl)

hochfeste, lasergeschnittene Werkstoffe mit ballistischen Eigenschaften verwendet, die als Blech- bzw. Gussteile ausgeführt sind.
Durch das Prinzip des entkoppelten Laufwerks werden Vibrationen und der Geräuschpegel im Fahrzeug im Vergleich zu konventionellen Laufwerkskonfigurationen mit Drehstäben ca. 25% gesenkt.
Diese Reduzierung der Schwingungs- bzw. Vibrationsbelastung führt einerseits zu einem merklich geringeren Innenschallpegel im Fahrzeug (und dadurch zu einer wesentlich geringeren Belastung der Besatzung) und andererseits zu verringerten mechanischen Belastungen der Fahrzeugbaugruppen, wie z.B. Elektroniken oder Optiken.
Die Besonderheit bei Kettenfahrzeugen ist, dass zusätzlich zum befahrenen Untergrund durch das Laufwerk selbst Schwingungen generiert werden. Diese sind hauptsächlich auf die Kettenteilung und die Kettenführung im Bereich der Stützrollen zurückzuführen und werden durch die Abkopplung des Laufwerks im Fahrzeuginneren effektiv reduziert.
Der Wegfall von Drehstäben und die Nutzung von hydraulischen Federungselementen wurde insbesondere durch das Anforderungsprofil der unterschiedlichen Schutzstufen und damit der stark zueinander differenzierten Gefechtsmassen des SPz PUMA notwendig. Drehstabsysteme hätten diese Gewichtsflexibilität nicht effektiv realisieren können.

Kraftstoffversorgungsanlage

Die Laufwerksträger weisen zur Gewichtsreduzierung bauartbedingt Hohlräume auf, die nicht zur Aufnahme von Laufwerkskomponenten benötigt werden. Dieser freie Bauraum wird beim SPz PUMA konsequent als Kraftstoffhauptbehälter verwendet.
Um bei allen für Kettenfahrzeuge üblichen Fahrmanövern eine Versorgung mit Kraftstoff sicherzustellen, wird das Triebwerk aus einem triebwerksnah angeordneten Entnahmebehälter mit Kraftstoff versorgt. Dieser wiederum wird aus den Laufwerksträgern mit Kraftstoff gefüllt. Im Laufwerksträger sind im Front- und Heckbereich Kraftstoffentnahmestellen integriert, zwischen denen, abhängig vom Fahrprofil, umgeschaltet wird. Die Ermittlung der verfügbaren Kraftstoffmenge erfolgt für jeden Laufwerksträger mittels zweier Kraftstoffsensoren.
Um unabhängig vom Fahrprofil die Kraftstoffmenge zu ermitteln, werden die Signale beider Sensoren unter Berücksichtigung der Fahrzeugschräglage ausgewertet und der Füllstand der Tanks dem Fahrer angezeigt.

Am Fahrzeugheck befinden sich links und rechts der Hecktür die beiden Kraftstoffeinfüllstutzen.

Links oberhalb des Tankdeckels sitzen hinter einer Schutzklappe die Steckdosen für die Außenbordsprechstelle sowie der Fremdstromanschluss.

Energieversorgung

Aufgrund des eher großen Strombedarfs wurde von VINCORON (Jenoptik) anstelle der bisherigen Bordnetzgeneratoren von maximal 22kW/28V DC ein deutlich leistungsfähigeres System (CAN-Bus vernetzt) mit einem stabilisierten 600 V DC Hochvoltkreis mit einer Leistung von bis zu 170 kW entwickelt.

Tiefwateinrichtung

Die Tiefwateinrichtung ermöglicht dem SPz PUMA mit Zusatzausstattung eine Gewässerdurchfahrt bis zu einer maximalen Wassertiefe von 1,8 m, ansonsten bis zu 1,2 m im Watvorgang. Hydraulisch verschließbare Abdichtklappen an Öffnungen der Wanne verhindern das Eindringen von Wasser. Je eine (vor dem Tiefwaten einzuschaltende) Lenzpumpe im Triebwerkraum und im Kampfraum befördern eingedrungenes Wasser nach außen. Die Vorwärm- und Heizanlage muss abgeschaltet werden.

Die Bedienung der Tiefwateinrichtung erfolgt an der Bedien- und Anzeigeeinheit des MKF.

Hinter der geöffneten Klappe sind die beiden Steckanschlüsse für ein Ladeerhaltungskabel bzw. für das direkte Verbinden mit einem anderen Fahrzeug. Daneben ist das Sprechgerät aufgehängt.

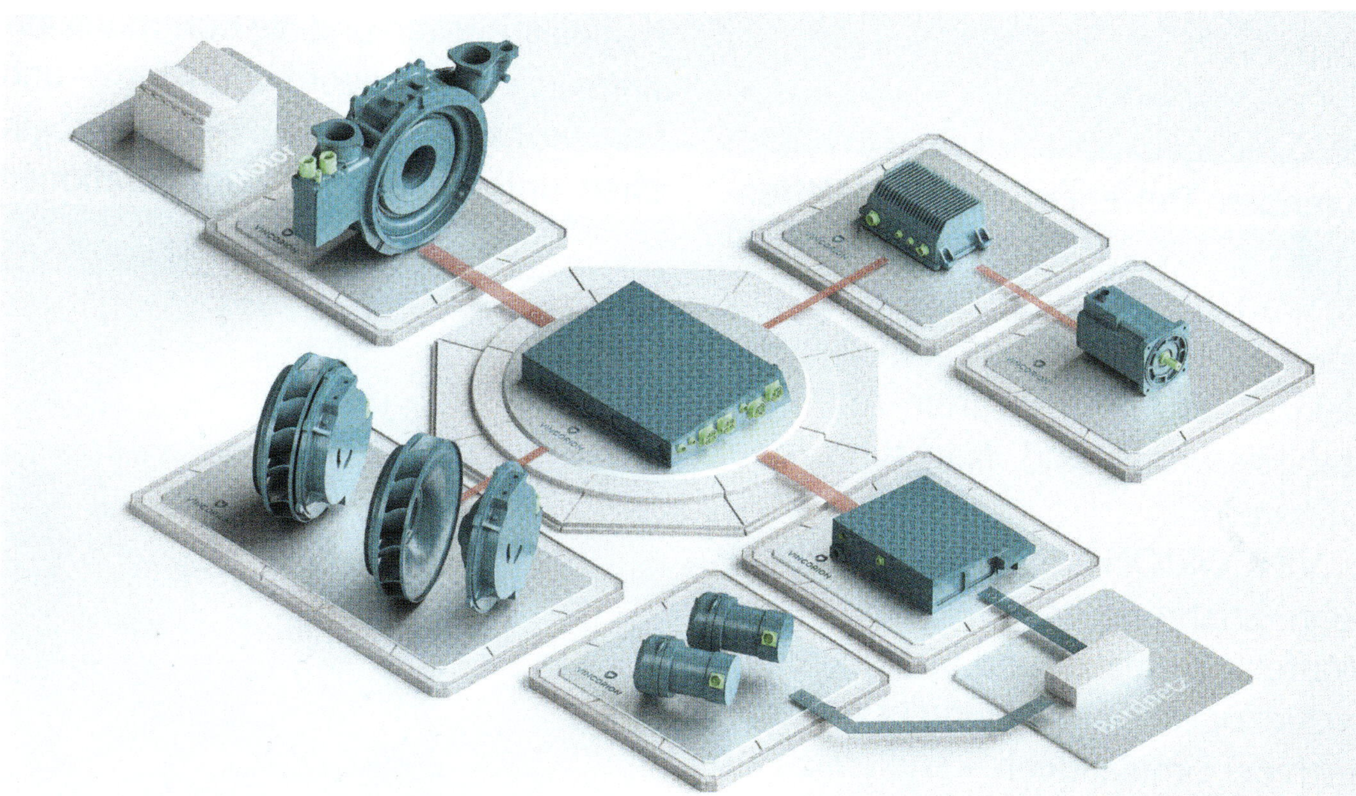

Sie besteht u.a. aus einem Schwungrad-Starter-Generator (mit Leistungselektronik), zwei 60 kW-Hochleistungslüftern für die Triebwerkkühlanlage, der 28 V/800 A-Bordnetzversorgung, einen 10 kW-Inverter mit Motor für die Klimaanlage sowie zwei Grobstaubgebläsen. (VINCORION)

Ausbildung und Bedienung

Bereits vor der Übergabe der ersten Fahrzeuge an die Truppe wurde am Ausbildungszentrum in Munster eine spezielle Einführungsorganisation (EFO) zusammengestellt, der zwei elementare Aufgaben übertragen wurden. Zum einen koordiniert sie die insgesamt viermonatige Umschulung der Marder-Kompanien, zum anderen übergibt sie vom Hersteller zugeführte Fahrzeuge an die ausgebildeten Einheiten. Zuvor komplettiert sie EFO diese Schützenpanzer mit den sonstigen erforderlichen Ausrüstungsanteilen.
Bereits vor der offiziellen Schlüsselübergabe begann Mitte April 2015 die Ausbildung der Ausbilder sowie die beginnende Ausstattung der EFO mit »eigenen« Schützenpanzern.
Vor der Ausbildung am Fahrzeug müssen die Kommandanten (Kdt) und Schützentruppführer (STrpFhr) am System »Infanterist der Zukunft« EWS (erweitertes System) sowie am FülnfoSysH ausgebildet werden. Parallel werden die Richtschützen (RS) zunächst an der Waffenanlage MK 30 ausgebildet. Hierzu wurde aus der 2./PzGrenLehrBtl 92 eine PUMA-Ausbildungskompanie gebildet. Die Kraftfahrer (MKf) wurden am Kraftfahrausbildungszentrum (auch per Simulator) ausgebildet. Die anschließende Ausbildung für jeweils eine kompaniestarke Anzahl der Kdt und STrpFhr erfolgt in zwei Modulen von je rund fünf Wochen, anfangs in der Funktion Richtschütze. Wesentliche Inhalte des Moduls I sind Zielauffassung und Bekämpfung, Schießlehre und technische Bedienung, auch der Führungssystemanteile. Dies ist auch Inhalt des Moduls 2, in dem Einsatz und Führung des SPz in verschiedenen Gefechtslagen und das Zusammenwirken des vorderen Kampfraums. Währenddessen erfolgt die Ausbildung der MKf im Gelände sowie im öffentlichen Straßenverkehr und die taktisch sinnvolle Geländeausnutzung. Alle Ausbildungsgruppen werden auch in den Bereichen Technischer Dienst und Fristenarbeiten ausgebildet.
In der folgenden Phase 2 werden die für den auszubildenden Truppenteil vorgesehenen Fahrzeuge übergeben und einem Materialappell unterzogen.
In der nächsten Phase 3 wird die Ausbildung für bis zu fünf Wochen auf der Gruppen- und Halbzugphase durchgeführt mit

Am Ende der Basisausbildung in Munster übernehmen die Besatzungen die für ihr Bataillon vorgesehenen Fahrzeuge sowie die umfangreiche Bordausstattung.

dem Absolvieren von Gefechtsaufgaben bis hin zur Gefechtsaufklärung und auch das Bergen von SPz bei Ausfällen jeglicher Art.
Parallel zu diesen Ausbildungsabschnitten wird das Führungspersonal im Modul IV (rund sieben Wochen lang) in der Nutzung und Administration der Führungssysteme und des IdZ-ES ausgebildet, damit dieses solche Ausbildungen im Heimatstandort ausbilden können.
Führer oberhalb der Kdt-Ebene werden gesondert in einem speziellen Lehrgang (in jeweils fünf Wochen) zum Kommandanten und dann zum Schießlehrer an der Waffenanlage ausgebildet.

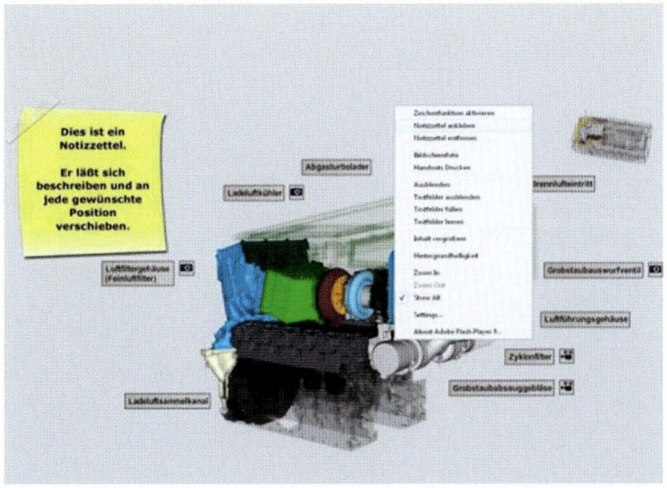

Prinzipdarstellung des DAG (Digitales Ausbildungsgeräts), das bei jeglichen Umrüstungen und dgl. zügig auf den jeweils neuesten Stand gebracht werden kann. (PSM)

Simulatoren

Anders als in früheren Zeiten, als die Masse der Ausbildung - nach kurzen Basisunterrichten mit Folien- bzw. Projektoreinsatz - mit Masse am Großgerät selbst stattfand (und auch an simplen Turmtrainern), erfolgt die Basisausbildung heutzutage an leistungsfähigen Simulatoren, an denen sowohl die Themen Zielbekämpfung als auch taktisches Agieren in Kombination mit ansteigendem Anforderungslevel den Besatzungen vermittelt wird. Erst danach folgen Ausbildungsabschnitte Im Gelände bzw. auf Schießbahnen. Auch ist man nicht »gezwungen« in einer Frühphase der Ausbildung die Turmwaffen im scharfen Schuss einzusetzen. Alle Abläufe lernen die Besatzungen zunächst virtuell, im Simulator aber an den gleichen Bediensyste-

Blick auf de AAT (Ausbildungsanlage Turm) mit dem in alle Richtungen schwenkbaren Turm und allen Waffenerhöhungen.

Unter dem Turm sind die mit dem Originalgerät identischen Besatzungsplätze mit allen Bedien- und Anzeigeeinheiten verbaut.

KMW

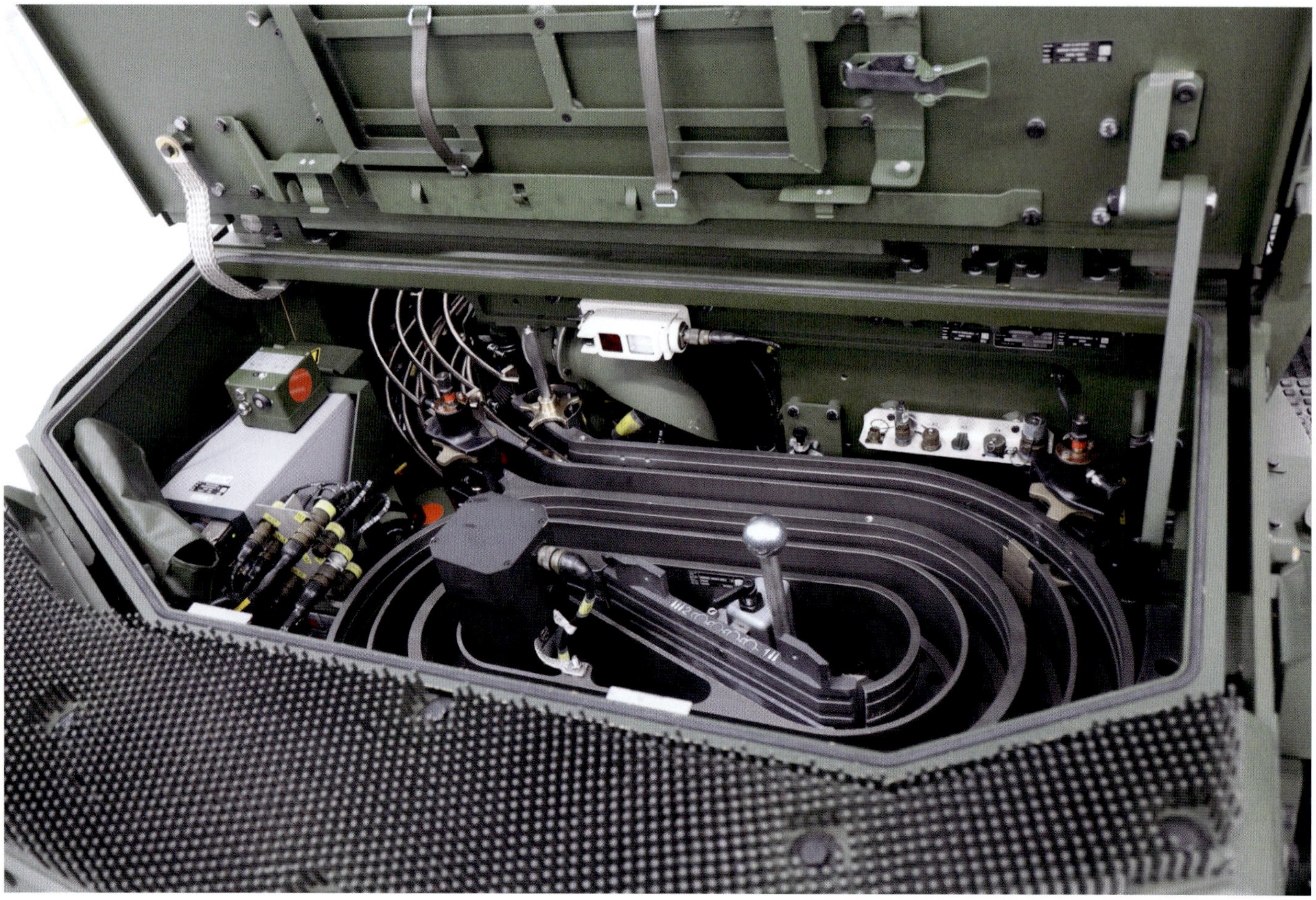

Auch die Munitionszuführung ist zugänglich und weist die erforderlichen Steuersensoren auf.

men wie später im Fahrzeug selbst. Dies ist ungleich effektiver und deutlich kostengünstiger. Insbesondere für Kommandant und Richtschütze ist der Übergang zur »realen« Welt weitgehend friktionslos, da sie mit allen Bedienschritten im Simulator und auch den Umgang mit Systemstörungen bereits vertraut gemacht werden. All dies wäre im Schützenpanzer selbst nur mit hohem Aufwand darstellbar und könnte auch zu längeren technischen Problemen führen.
Unverändert verfügbar sind auch für Schulung und Einweisung nutzbare »theoretische« Anteile in Gestalt des Digitalen Ausbildungsgeräts (DAG) für die Bedienung, Fahrschulzwecke und auch für Instandsetzungsmaßnahmen. Im Hörsaal können Computer-Arbeitsplätze untereinander (und mit dem des Ausbilders) vernetzt werden mit einem Programm, das komplexe Ausbildungsinhalte anhand vielfältiger Animationen (CUA = **C**omputer**U**nterstützte **A**usbildung) zur Verfügung stellt und selbstverständlich auch interaktive Selbststudiumanteile (DUH = **D**igitale **U**nterrichts**H**ilfe).

Wichtiges Ausbildungsmittel ist die »Ausbildungsanlage Turm« (AAT), früher auch Turmtrainer genannt. Sie ermöglicht eine wirklichkeitsnahe Ausbildung von Kommandant und Richtschütze (und auch des Instandsetzungspersonals) für die Handhabung aller Bedienanteile. Mittels eines Fehler-Eingabe-Systems (FES) können willkürlich Betriebsstörungen initiiert werden, die mit oder ohne integriertem Prüfsystem (IPS) festgestellt und behoben werden können. Die Anlage besteht aus einem Serienturm und einem offenen Wannensegment, so dass die unmittelbare Einbindung der übrigen Ausbildungsgruppe erfolgen kann. Das Ganze wird rechnergestützt durch das Ausbildungspersonal überwacht bzw. gesteuert.

Vor dem AAT befindet sich die Arbeitsplätze für das Leitungspersonal, rechts davon sind Stuhlreihen für weitere Besatzungen mit einem Großmonitor.

Das zweite Standbein für die Besatzungsausbildung ist das Ausbildungsgerät Schieß- und Gefechtssimulator SPz PUMA (AGSP); mittlerweile »Ausbildungsgerät SPz PUMA« genannt. Mit ihm können Einzelfahrzeugbesatzungen bzw. auch ein Panzergrenadierzug mit allen Fahrzeugwaffen in Form eines Handlungstrainers ausgebildet werden. Auch die An- und Einbindung des Schützentrupps ist gegeben.

Blick auf unterschiedliche Munitionsanteile, mit denen sich übliche Störungsfälle simulieren lassen.

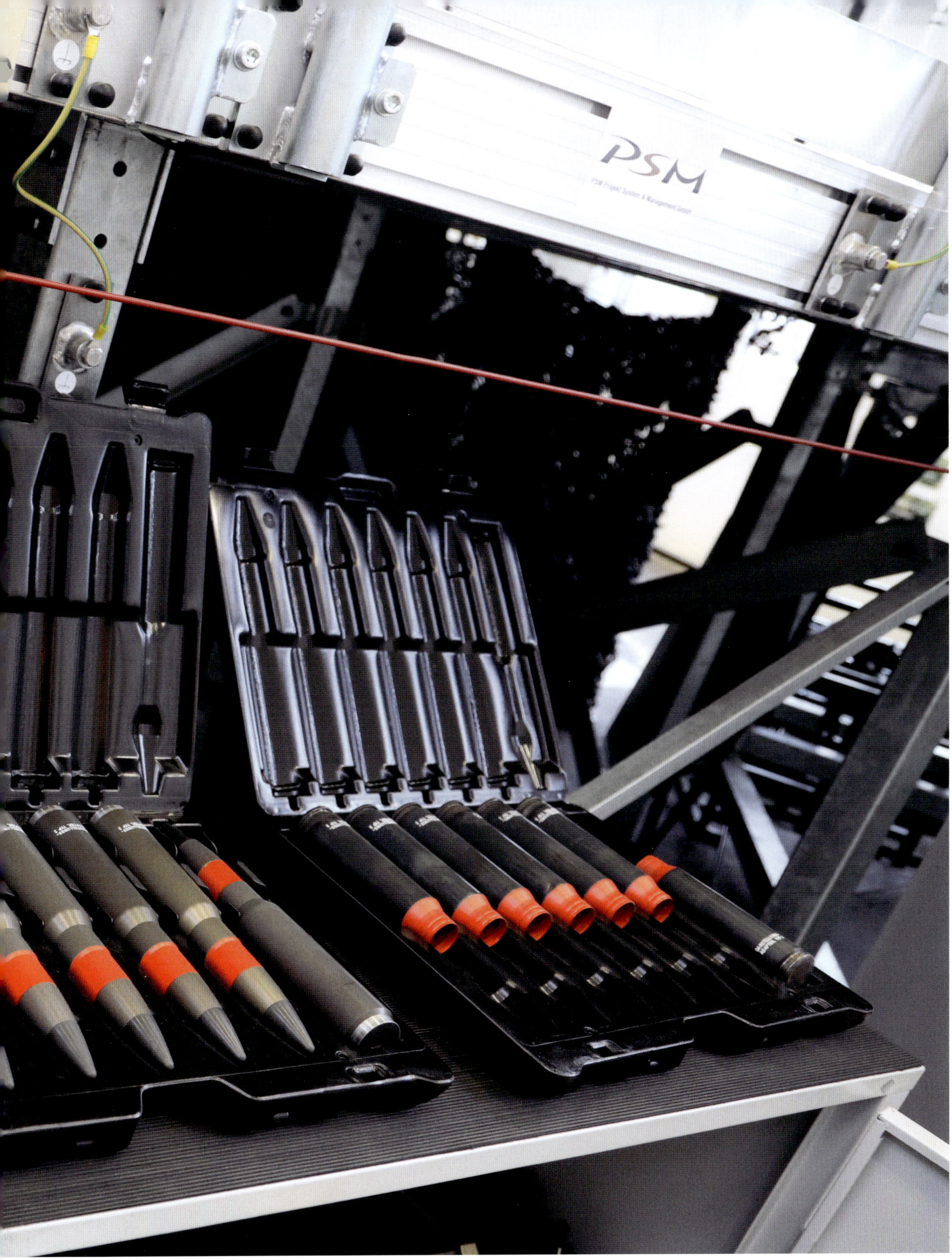
PSM
PSM Projekt System & Management GmbH

Das AGSP besteht aus einer Leitungs-, Auswerte- und Kontrollstation (LAKS), einer externen Mitschauanlage sowie vier Simulationskabinen, welche die Bedienerplätze des SPz PUMA nachbilden.

Obwohl schon »in die Jahre gekommen« erfüllen die belüfteten Container auch mit neuer Systemtechnik weiterhin ihre Aufgabe.

Blick auf die LAKS für die einzelnen Simulator-Kabinen.

An der Kontrollstation können auch per Touchscreen-Monitor Sichtdarstellungen und Handlungsanweisungen an die Ausbildungsgruppe generiert werden per Abruf aus einem reichhaltigen Dateispeicher.

Durchaus fortschrittlich ist die Eingabe- und Steuerungsmöglichkeit nicht nur per Tastatur sondern auch mittels eines (besonders jungen Leuten gut bekannten) Gaming Pads.

Auf allen Bedienplätzen können die mit der Realität identischen Handhabungsabfolgen geübt werden, mit unterschiedlichen ansteuerbaren Außensichten.

Im Schwerpunkt ist die Vermittlung der Schießlehre und -technik, sowie der taktischen Einsatzgrundsätze vorgesehen. Mit dem AGSP sollen im Handlungstraining zum einen die vorbereitende Schießausbildung durchgeführt und zum zweiten die taktischen Einsatzgrundsätze vermittelt werden.

All dies betrifft nicht nur die bedienerseitige Basisausbildung sondern auch die Vorbereitung auf anspruchsvolle Einsätze bei Übungen unter realen Bedingungen. Selbstredend gibt es auch eine Vielzahl von Aufgaben, die man nur bedingt in der virtuellen Welt lernen kann, wie das Überwinden von Gewässern

Im Lehrsaalfahrerstand übt der noch unerfahrene Fahrer die ersten Handgriffe.

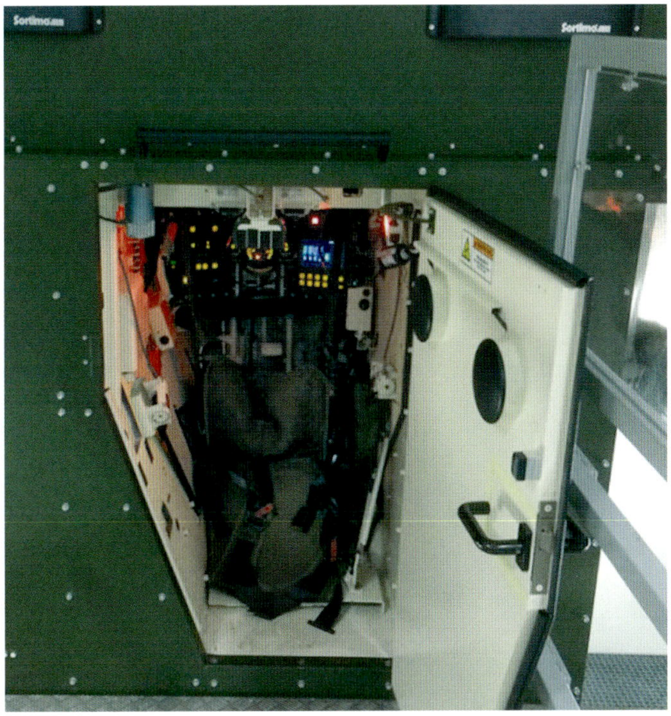

Die nächste Ausbildungsphase erfolgt dann im Fahrsimulator.

Im Inneren des FSim sind alle Bedien- und Anzeigemodule integriert.

und Hindernissen, den Wechsel vom aufgesessenen zum abgesessenen Kampf und das Agieren in »feindlichem« Gelände im Gefecht der verbundenen Waffen und Zusammenwirken mit den wichtigen Partnern der Kampf- und Einsatzunterstützung. Dies alles gilt auch für den Kraftfahrer, der zunächst in einem Lehrsaalfahrerstand (LSF) mit identischer Nachbildung des Fahrerplatzes mit allen Bedienelementen und Anzeigen eingewiesen wird. Am Ausbilderplatz sind ebenfalls alle Bedien- und Anzeigeelemente dupliziert. Danach erfolgt die Fahrausbildung zunächst (ca. 10 Stunden) im Fahrsimulator (FSim), dann wird in zwei Wochen zunächst im Fahrschulpanzer die reale Fahrt ausgebildet, bevor weiteres im Schützenpanzer selbst vermittelt wird. Der Schulpanzer hat ein normales Serienfahrgestellt und anstatt des Turmes und des »normalen« Bedienstandes einen schulspezifischer Aufbau montiert, in dem außer dem Fahrschüler ein Fahrlehrer (mit Doppelbedienung für Lenk-, Brems- und Gasübersteuerung sowie elektrische Abgriffe im Fahrgestell zur Überwachung des Fahrschülers) und ein weiterer Fahrschüler untergebracht sind. Weitere Soldaten haben auf den Schützensitzen Platz.

Rein funktionell ist das Fahren eines SPz PUMA keine große Herausforderung, aber das Bewegen in schwierigem Gelände bedarf unstrittig größerer Erfahrung, und kann auch nur bedingt theoretisch vermittelt werden.

Vor dem Fahren im Originalgerät wird die Ausbildung im Gelände verfeinert mit völlig identischen Fahrwerkeigenschaften und direkter Hilfestellung durch den daneben sitzenden Fahrlehrer. (PSM)

In der Fahrausbildung gibt es unterschiedlichste Trainingsanforderungen. Hier lernt der Fahrschüler Federungsstöße auf die Wanne durch Geschwindigkeitsanpassung zu reduzieren.

Das Fahren im Gelände ist dann deutlich anspruchsvoller, besonders bei schwerem Gelände. Aber auch das Festfahren bietet eine hilfreiche Erfahrung! (33)

Das Bewegen im Gelände beinhaltet wichtige Erfahrungen, wie hier z.B. Staubaufwirbelungen, die die eigene Sicht beeinträchtigen können sowie auf große Entfernungen aufklärbar sind. (PSM)

Vor dem Befahren offener Abschnitte sollte aus einer getarnten Stellung heraus zuerst das freie Gelände gecheckt werden.

Bei der Stellungswahl ist stets ein Schutz der Wanne anzustreben. Eine zu schräge oder zu tiefe Geländesenke kann jedoch den Höhenrichtbereich der Maschinenkanone einschränken.

Auch das richtige Überwinden von Steilhängen und Gräben will gelernt sein: nie schräg befahren!

Aufmerksamkeit bedarf auch das korrekte Fahren in Kolonne im »normalen« Straßenverkehr (hier eine Kolonne der 3./PzGrenBtl 212), mit Einhalten der Abstände, Passieren des Gegenverkehrs, ständiges Beobachten auch nach rückwärts usw. (WB)

Bei Fahrten auf öffentlichen Straßen ist das Beobachten nach hinten nur mit Kameras nicht statthaft. Daher verfügt der PUMA auf beiden Seiten über »normale« Rückblickspiegel. (Rhm)

Sehr präzise Fahrmanöver sind bei der Bahnverladung gefordert sowie das Hochklappen von Wannenverkleidungen und das Festzurren der einzelnen Fahrzeuge; hier im Dezember 2023 beim Transport in die Slowakei. (PSM)

Das Befahren vereister Strecken erfordert auch besondere Aufmerksamkeit, da – bedingt durch die Gummi-Kettenpolster – das Fahrzeug auf ebenen und abschüssigen Abschnitten leicht ins Rutschen kommen kann.

Ähnlich verhält es sich bei Transporten auf Sattelschleppern, z.B. bei Transporten von der Instandsetzungseinrichtung zurück zur Truppe. (PSM)

Fordernd sind auch Arbeiten an den Ketten des Fahrzeugs, z.B. beim Austausch beschädigter Anteile. Muss die Kette nach dem Öffnen wieder geschlossen werden, so benötigt man dazu spezielle Werkzeuge und muss die Kette nach dem Schließen wieder spannen.

Seitenansicht vom FSim Inst mit den zahlreichen Blicköffnungen von allen Seiten. (PSM)

Für die Ausbildung von Wartungs- und Instandsetzungspersonal gibt es einen FSim Inst. Er ermöglicht die Fehlersuche in Elektr(on)ik-Komponenten, Mess-, Prüf- und Diagnosetraining mit und auch ohne das IPS.

Geräteausbildung am Fahrzeug

In der nächsten Phase der Ausbildung erfolgt die Einweisung am Fahrzeug und die Durchführung aller Bedienanteile sowie des Technischen Dienstes (im Besatzungsrahmen sowie in Kooperation mit dem Wartungspersonal).
Elementar wichtig ist das (Re-)agieren auf Störungen sowie das Beheben von leichten Beschädigungen. Zeitabhängig werden - in Abstimmung mit Wartungsgehilfen - routinemäßige Baugruppenaustausche, Filterwechsel und dgl. durchgeführt. Nicht selbst behebbare Störungen werden an die Instandsetzungsorganisation weitergeleitet.

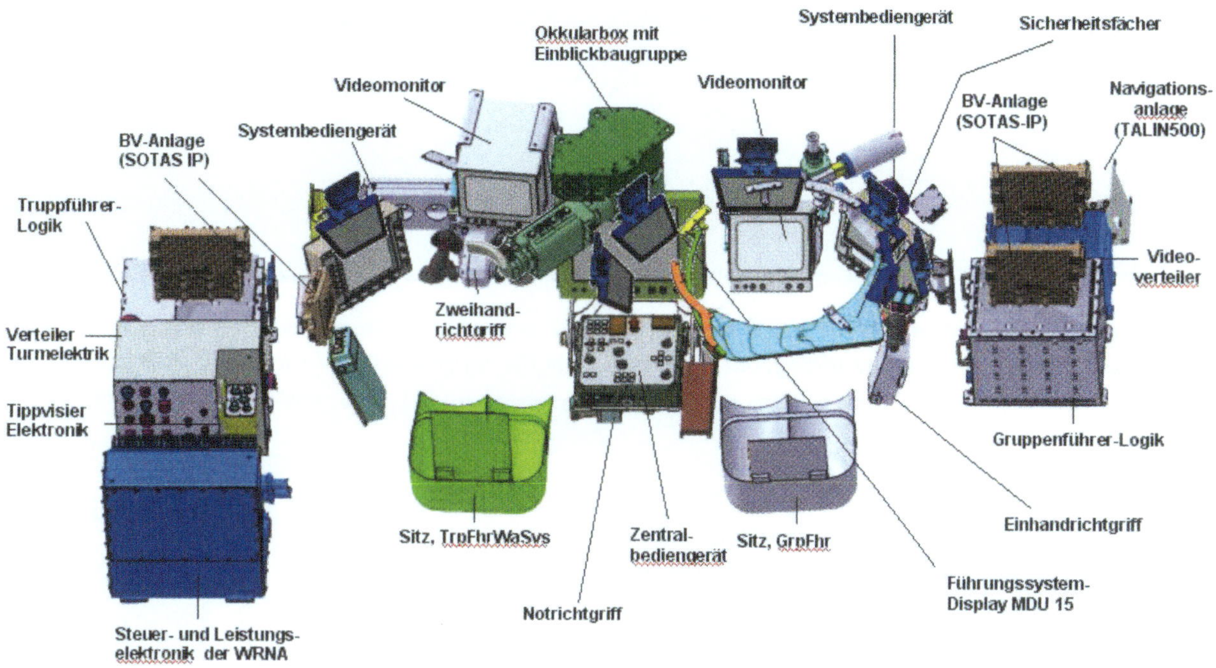

Auch wenn die Besatzungen bereits simulatorgestützt eine umfangreiche Einweisung erhalten haben, stellt der Umstieg auf die »reale« Welt im Fahrzeug doch wieder eine besondere Herausforderung dar, zumal dieser Ausbildungsabschnitt nicht nur stationär erfolgt. (KNDS)

Auch die Zusammenarbeit und die Verständigung innerhalb von Fahrzeug und Gesamtbesatzung wollen gelernt und geübt sein. Die beiden »Heckschützen« tragen Kopfhörersets der Bordverständigungsanlage. (WB)

Gesamtleitender aller Ausbildungsphasen ist der Kompaniechef (hier bei der 4./PzGrenBtl 112). Er bewertet die Resultate und stellt festgestellte Mängel ab. Er trägt die Sprechhaube des Herstellers Bose. (WB)

Gefechtsausbildung

Bevor die Besatzung (im Zug- und Kompanieverbund - alle Anforderungen an das Gefecht meistern kann, ist es wichtig, so genanntes Basiskenntnisse zu vermitteln. Dies betrifft die Themen Geländeausnutzung, vorausschauendes Agieren unter Feindbedrohung, Grundlagen der Aufklärung und dgl. Wichtiges Ausbildungsmittel für diese Themen ist das Ausbildungsgerät Duellsimulator (AGDUS), das auch bei anderen Systemen in der Bundeswehr zum Einsatz kommt. Funktionell ist das AGDUS in die normalen Bedienabläufe integriert, dass es für die Nutzer keinen Unterschied zwischen Ausbildung und realitätsnahen Gefechtsbedingungen im Übungsgelände gibt.

Mit einem LASER-Sender im Waffenrohr werden Ziele angerichtet und bekämpft. Am Ziel befestigte Sensoren melden eventuelle Treffer, auf dem Turmdach wird eine Rundumsignalleuchte ausgelöst und zeigt dies so dem Schützen an.

Beim Duellsimulator befindet sich ein LASER-Emitter im BK-Rohr, der beim Abschuss ausgelöst wird. Trefferdetektion erfolgt durch mehrere Sensoren an allen Fahrzeugseiten.

Zusätzlich kann auch die Elektronische Waffen- und Effektsimulation (EWES) eingerüstet werden zur realitätsnahen (und doch kostensparenden) Darstellung von Abschussblitz und /-knall aller bordeigenen Waffen (MK, MG und MELLS). So kann auf den Einsatz von Manövermunition, in Kombination mit pyrotechnischen Anteilen, verzichtet werden. Das EWES ist ein in der Truppe mit geringem Aufwand außen am Fahrzeug adaptierbares System, das durch die Bordspannung versorgt wird. Dabei wird die Blitzleuchte zur Darstellung des Mündungsfeuers im vorderen Bereich des MK-Rohres und der Lautsprecher für den Abschussknall anstelle des MUSS-Jammers auf dem Turm montiert. Über ein Bediengerät wird die Waffe mit der gewünschten Schussfolge vorgewählt und ausgelöst, wobei die Steuereinheit für die Anbindung an das eingerüstete AGDUS vorbereitet ist, so dass die EWES-Ansteuerung über die Betätigung der originalen Richtgriffe erfolgt.

Der EWES-Lautsprecher (aktuelle Variante) auf dem Turmdach, links davor im Bild die Blitzleuchte.

Bei Bedarf kann auch »normale« Ausbildungsmunition (mit deutlich geringerem Sicherheitsbereich) verschossen werden. Dann wird eine Ausbildungsmündungsbremse (AMB) montiert, die die Mess- und Programmierbasis (MBP) ersetzt um deren Verschleiß zu minimieren.

Schnittmodell einer DM58 Übungspatrone. (Rhm)

Die Schießampel mit den drei Farben (grün=sicher, gelb=geladen, rot=feuerbereit). (Rhm)

Bild von der Ausbildungsmündungsbremse (AMB). (Rhm)

Die vollständige Einsatzbefähigung wird selbstredend nicht in der simulatorgestützte Ausbildung erreicht, sondern im realen Gefechtseinsatz sowie beim Schießen im scharfen Schuss. Da es keine Turmbesatzung gibt für einen manuellen Flaggenwechsel, wird beim Schul- und Gefechtsschießen oben auf dem Turm eine sogenannte Schießampel (SAmp) montiert (gesteuert durch ein Bediengerät rechts am Kommandantenplatz), die den Ladezustand anzeigt. In der Schießausbildung mit der MK werden zunächst ca. 20 Schuss auf Einzelziele, dann rund 40 auf Mehrfachziele abgegeben.

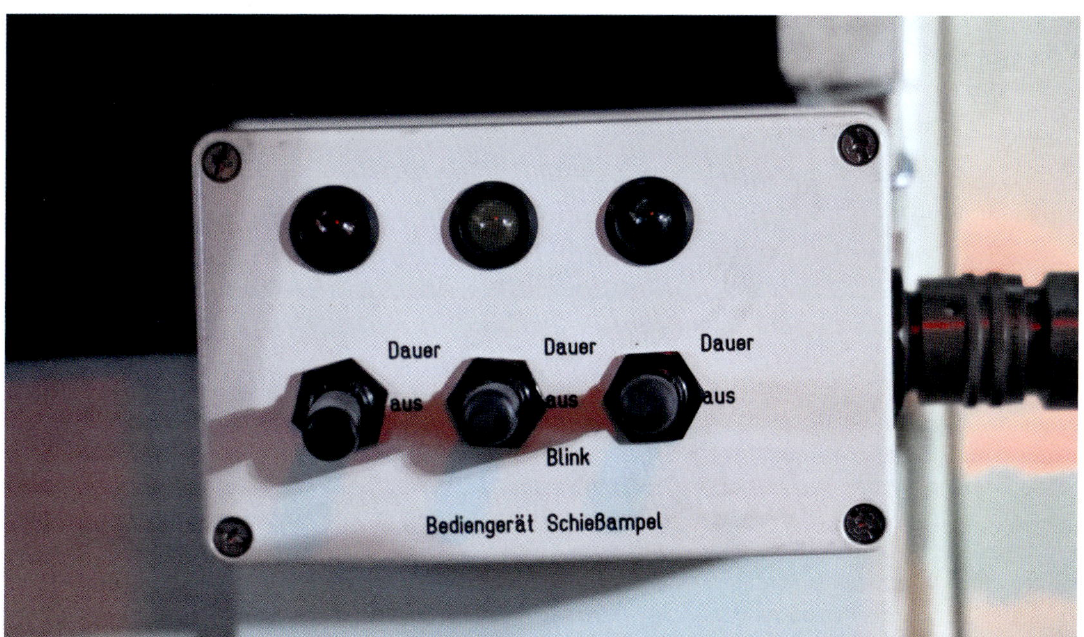

Die Bedieneinheit für die Schießampel und Blinksignal für gelb und rot. (Rhm)

Höhepunkt der Schießausbildung ist natürlich der Waffeneinsatz im scharfen Schuss mit MK und koaxialem MG. (Rhm)

Deutlich seltener (da kostenaufwändig) wird die Zielbekämpfung mit dem Lenkflugkörper geübt. (PSM)

Die Gefechtsausbildung hat zunächst den Focus auf das Interagieren der einzelnen Besatzungsanteile untereinander, über den Einsatz der Turmwaffen hinaus. Dabei ist das Zusammenspiel mit dem Schützentrupp sehr anspruchsvoll, da dieser sowohl aufgesessen als auch abgesessen kämpfen kann. All dies ist in hohem Maße abhängig vom Einsatz in wechselnden Geländeabschnitten, von sichteinschränkenden Bebauungen und Bewaldungen usw. So müssen die Besatzungen wichtige Erfahrungen sammeln, wie sie sorgloses Bewegen in offenem Gelände vermeiden oder aber diese Flächen mit Höchsttempo überwinden. Sorgloses Verharren oder Bewegungen über schutzlose Hügel hinweg und dgl. müssen vermieden werden. Wichtiger Faktor ist auch eine intensive vorbereitende Schulung der Führer auf allen Ebenen im Hinblick auf lagegerechtes Agieren, richtiger Zeitpunkt für Feuereröffnung, Ausweichen, Lagemeldungen und dgl.

Im Gefechtsdienst ist eine der wichtigen Ausbildungseinheiten die zweckmäßige Fahrzeugtarnung, ohne dabei die Optroniksichten zu verdecken.

Elementar wichtiger Bestandteil ist der Einsatzverbund mit abgesessenen Schützentrupps. (PSM)

Auf der nächsten Anforderungsebene übt die Besatzung Zusammenwirken mit anderen, zunächst innerhalb des PzGren-Zuges, dann im Kompanierahmen, später dann auch in Gefechtsübungen im Verbund mit anderen Waffen (Kampf- und Schützenpanzer usw.).

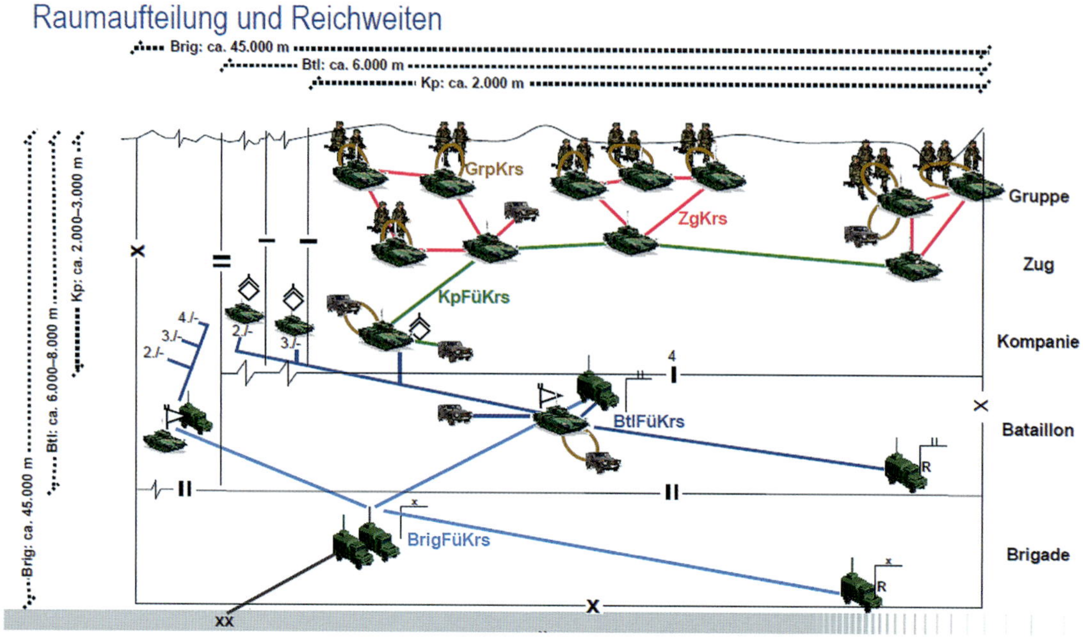

Diese Skizze verdeutlicht die unterschiedlichen Räume und Truppenkonstellationen. Primär agiert der Schützenpanzer selten allein, sondern stets im Zug- oder Kompanierahmen (4 bzw. 14 SPz). Der Kompaniechef und bei Einzelaufträgen (wie Spähtrupp oder dgl.) dann auch der Zugführer halten auch direkt mit der Bataillonsführung, und somit bei Bedarf auch mit den Nachbarkompanien Verbindung.

Besonders Fahrer und Kommandant achten permanent auf die zweckmäßige Geländeausnutzung sowie gegenseitige Überwachung.

Beim gemeinsamen Feuerkampf lernen die Besatzungen, wer entfernungs- und wirkungsabhängig welche Ziele vorrangig bekämpft.

Höhepunkte der Ausbildung stellen Gefechtsübungen im Verbund mit Kampfpanzern unter Beachtung der jeweiligen Auftragsschwerpunkte dar.

Weitere wichtige Ausbildungsinhalte können nur mit externer Unterstützung bzw. in besonderen Ausbildungseinrichtungen absolviert werden. Dies betrifft u.a. das Überwinden von Gewässern sowie Orts- und Häuserkampf.

Kleine Gewässer können Panzergrenadiere eigenständig überwinden. Auf mitgeführten Schlauchbooten können Schützentrupps den SPz vorweg das gegnerische Ufer erreichen und den Übergang sichern.

Große Gewässer werden unter Unterstützung der Pioniertruppe überquert, hier mittels Fähren. (WB)

Gräben und dgl. Können mit Hilfe von Brückenlegepanzern rasch überquert werden (auch per Überlappung mit zwei oder drei Brücken). (KNDS)

Das Befahren der Panzerschnellbrücken bedarf präziser Sorgfalt, besonders unter feindlichem Beschuss!

Besonders herausfordernd ist auch das Gefecht in bebauten Bereichen. Hierfür verfügt die Bundeswehr auch eine besondere Ausbildungseinrichtung in Schnöggersburg (einer Übungsstadt in der Letzlinger Heide).

Bedienung

Bedienbaugruppen und Anzeigen spielen in einem derart komplexen Waffensystem eine entscheidende Rolle. Dementsprechend wurden die einzelnen Bedien- und Anzeigegeräte zusammen mit dem künftigen Bedarfsträger und den Ergonomen auf die zukünftigen Einsatzspektren optimiert. Die Fülle der funktionellen Anteile und die daraus resultierende Komplexität der technischen Anteile vermag den Anschein zu erwecken, die Bedienung der einzelnen Funktionen sei exorbitant komplex, d.h. für die Besatzung alles andere als »leicht« handhabbar. Dieser erste Eindruck muss relativiert werden, da alle maßgeblichen Bedienbaugruppen ergonomisch sinnvoll zusammengelegt wurden und eine ganze Reihe von Test- und Entstörungsalgorithmen integriert sind.
So wurden die Hauptanteile des Man-Machine-Interface (MMI), der Bedienerschnittstelle, in den sogenannten Systembediengeräten SBG (je eins für den GrpFhr und eins für den TrpFhrWaSys) und dem Zentralbediengerät ZBG zusammengefasst. Da es keine Turmbesatzung gibt, werden die traditionellen Benennungen der Besatzung (Kommandant und Richtschütze) nicht mehr verwendet (sehr wohl jedoch in der Truppe!).

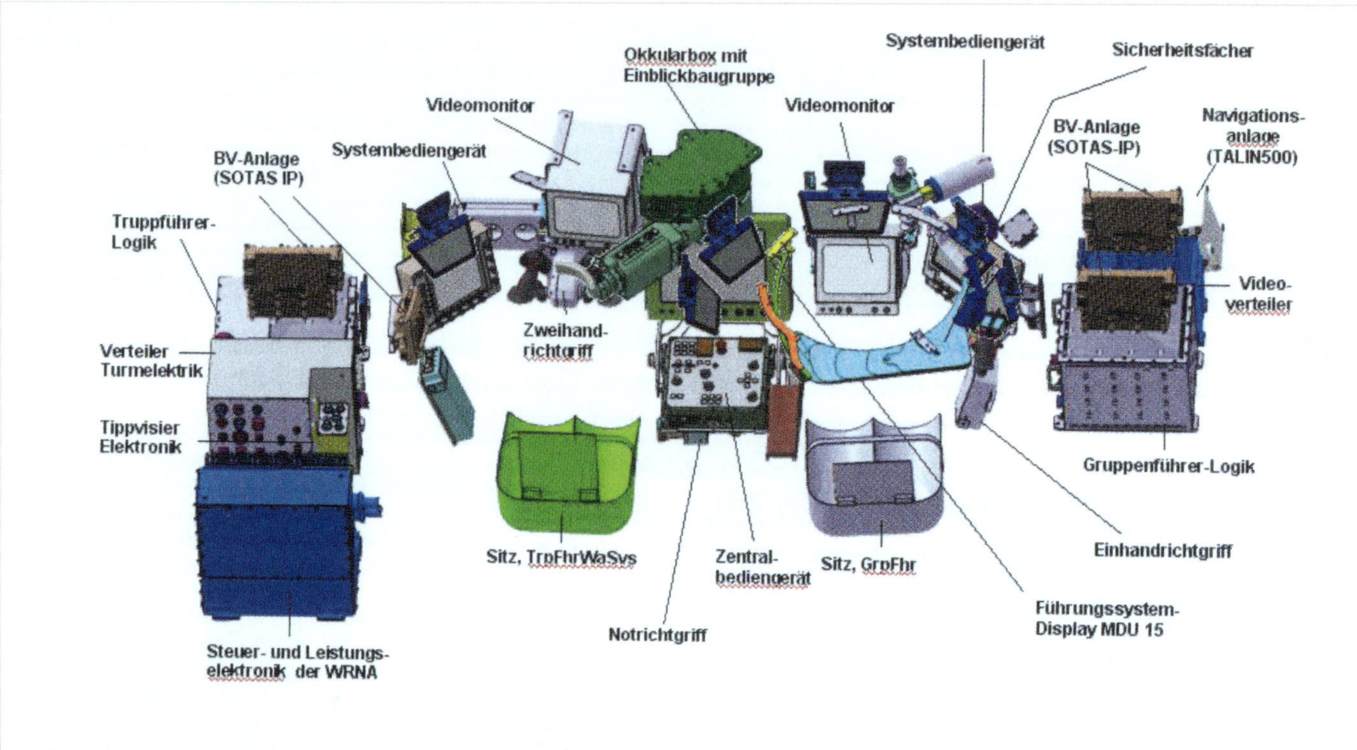

Bedienanteile des Richtschützen und des Kommandanten in der frühen Auslegung der S0-Variante. (KMW)

Das ZBG wurde zwischen den Bedienplätzen angeordnet und kann von beiden Besatzungsmitgliedern bedient werden. Es umfasst im Wesentlichen die Bedienung der Betriebsstufen, des aktiven Schutzsystems und der Waffenfunktionen.
Das Systembediengerät ist ein programmierbares MMI, ausgestattet mit verschiedenen Menüs und Untermenüs zur Bedienung der Funktionen im Puma.
Zudem werden hier etwaige Fehler im Rahmen eines Integrierten Prüfsystems (IPS) angezeigt und dem Nutzer ggf. Gegenmaßnahmen oder Handlungsanweisungen vorgeschlagen.
Andere Bedienelemente wie beispielsweise die Richtgriffe sind aufgabenspezifisch für die einzelnen Bediener optimiert. Demzufolge hat der TrpFhrWaSys, der als Hauptaufgabe die Bekämpfung von Zielen wahrnimmt, einen dahin optimierten Zweihandrichtgriff zur Verfügung, während der GrpFhr (in Hauptaufgabe Führen, Aufklären, Beobachten und Zielzuweisung) einen daraufhin optimierten Einhandrichtgriff mit der Möglichkeit zum Schnellschwenken zur Verfügung hat.
Beide Bediener haben unabhängig von ihrer Hauptaufgabe die Möglichkeit, durch entsprechende Taster und Schalter und durch die zugewiesenen Sichtgeräte Ziele selbstständig zu bekämpfen. Diese weitgehend redundante Auslegung der

Bedienplätze hat den großen Vorteil, dass jeder Bediener fast alle Funktionen des Anderen übernehmen kann. So reduziert zum Beispiel ein lagebedingtes Absitzen des Gruppenführers aus dem Fahrzeug die Einsatzbereitschaft des Schützenpanzers nicht.

Eine weitere Neuerung stellt die Möglichkeit der Lageeinweisung der absitzenden Schützen noch innerhalb des Fahrzeuges d.h. unter Panzerschutz dar. Hierfür können alle Videobilder der optischen bzw. optronischen Sichten auf vorhandene Displays/Monitore gelegt werden. Selbst der optische Tagsichtkanal des Periskops wird abgefilmt. Damit steht auch dieses Bild über den Videoverteiler den Besatzungsmitgliedern zur Verfügung. Zudem können Informationen des Führungssystems (z.B. Lagedarstellungen) sowohl dem GrpFhr und TrpFhrWaSys, als auch dem hinteren Schützen durch ein optimiertes Videomanagement zur Verfügung gestellt werden.

Bei Bewegungen in geringer Gefährdungslagen können der Fahrer und der Kommandant weiterhin ihre elektrisch angetriebenen Schiebe-Luken öffnen (bei Fahrten auf öffentlichen Straßen unter Friedensbedingungen ohnehin zwingend vorgeschrieben). Die zwei im Heckbereich platzierten Schützen verfügen über eine manuell zu betätigende Heckklappe, aus der sie (fast) rundum das Fahrzeug sichern sowie mit ihren Handwaffen wirken können. Für das Auf- und Absitzen ist die hydraulisch betriebene Heckklappe vorgesehen.

Die Beobachtungs- und Zieloptiken sind rundum angeordnet und bieten - besonders bei eingeschränkten Sichtverhältnissen - eine bessere Sichtqualität als die traditionellen Beobachtungsmittel über Luke bzw. mit Hilfe bisheriger Winkelspiegel. Auch der Schützentrupp verfügt über insgesamt vier dieser Winkelspiegel, die aber nicht wie bisher über rein glasoptische Einblicke mit einem höher gesetzten Ausblick verfügen, sondern über flexible optronische Sichtkanäle. Dies reduziert die ansonsten hohe Gefahr durch Beschussschäden.

Bedienplätze für Kommandant und Richtschütze

Die Hauptaufgabe des links (unter dem Turm) sitzenden TrpFhrWaSys ist die Zielbekämpfung sowohl mit der MK als auch mit dem Koaxial-MG oder mit der Panzerabwehrwaffenanlage MELLS.

Dies erfolgt im wesentlichen mittels seinem Zweihandrichtgriff und der Monitorsicht. Erforderliche Funktionalitäten

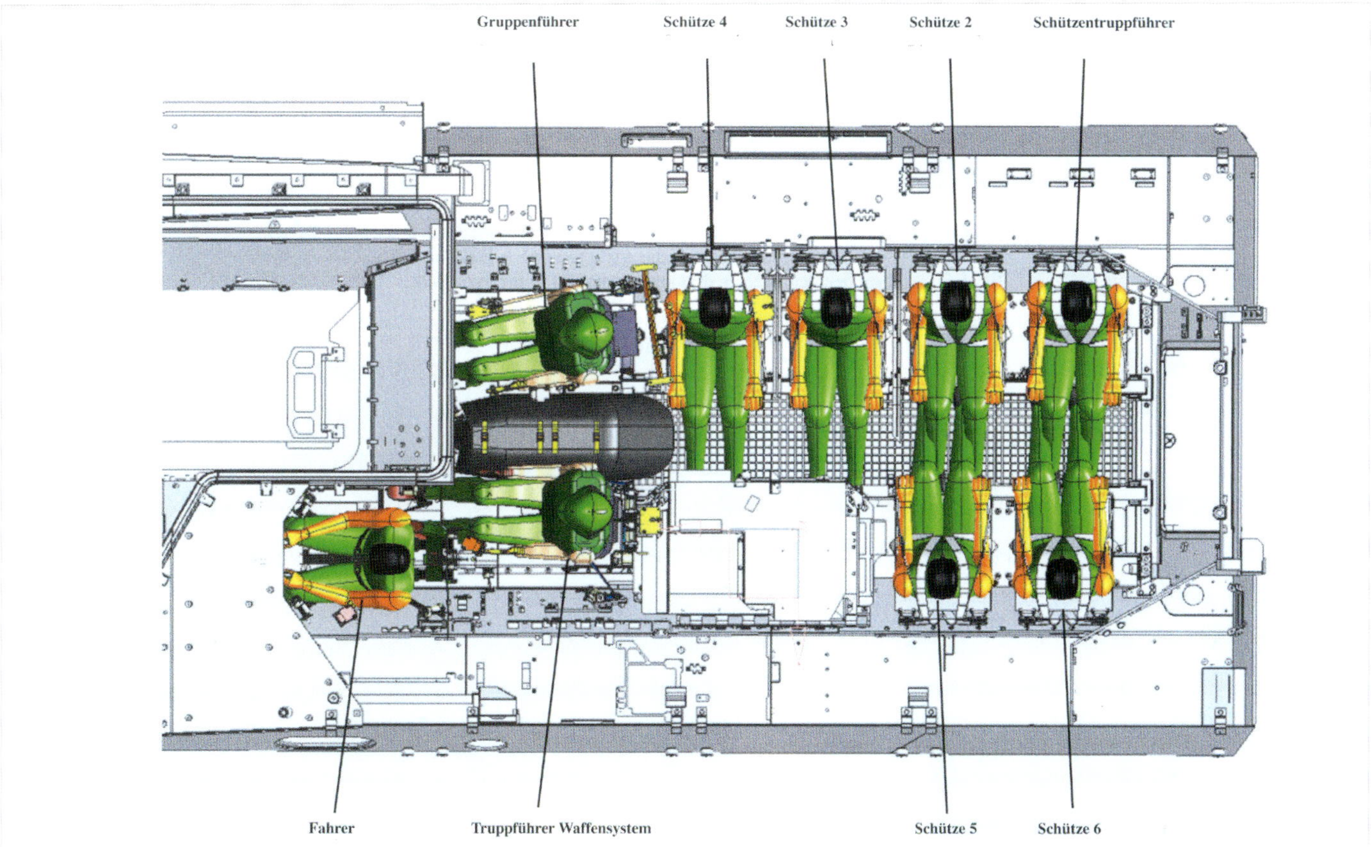

Standardmäßig hat der SPz PUMA eine 9-Mann-Besatzung, die - anders als im SPz MARDER - stets alle miteinander kommunizieren können, auch im abgesessenen Einsatz. (PSM)

schaltet er auf seinem Systembediengerät (SBG) links davon. Auch die Nutzung des Periskops (mit schwenkbarem Einblickkopf) ist zum Zweck der Zielaufklärung möglich - besonders dann, wenn der GrpFhr zum Beispiel ebenfalls abgesessen ist. Links von ihm befindet sich die Leistungselektronik für die Waffenricht- und Nachführanlage (WRNA). Links unterhalb vom SBG befindet sich das Bediengerät für die Bordverständigungsanlage (BV).
Rechts vom Monitor befindet sich - vor der Einrüstung MUSS - das Bediengerät für die Nebelmittelwurfanlage (NMWA).
Der Zweihandrichtgriff verfügt über folgende Schaltungen an der Schwenkeinheit:

- Dynamischer Vorhalt
- Sicherheitsschalter
- Abfeuerung Hauptwaffe
- Anwahl Betriebsart
- Laserabfeuerung
- Waffenwahl
- Lock on/off

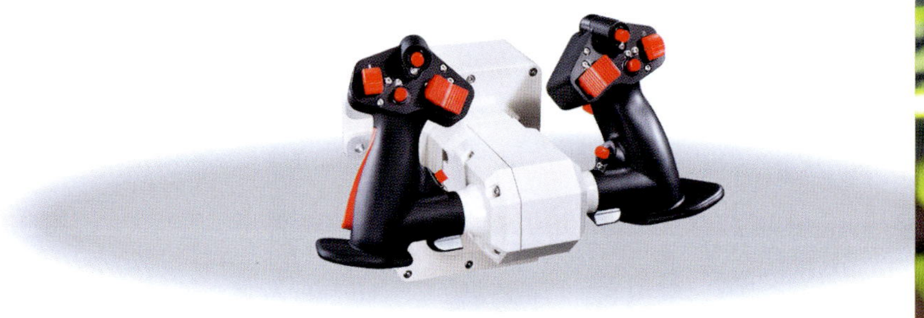

Zweihandrichtgriff

Beim Kommandanten sind die o.g. Funktionen auf einen Richtgriff angeordnet.

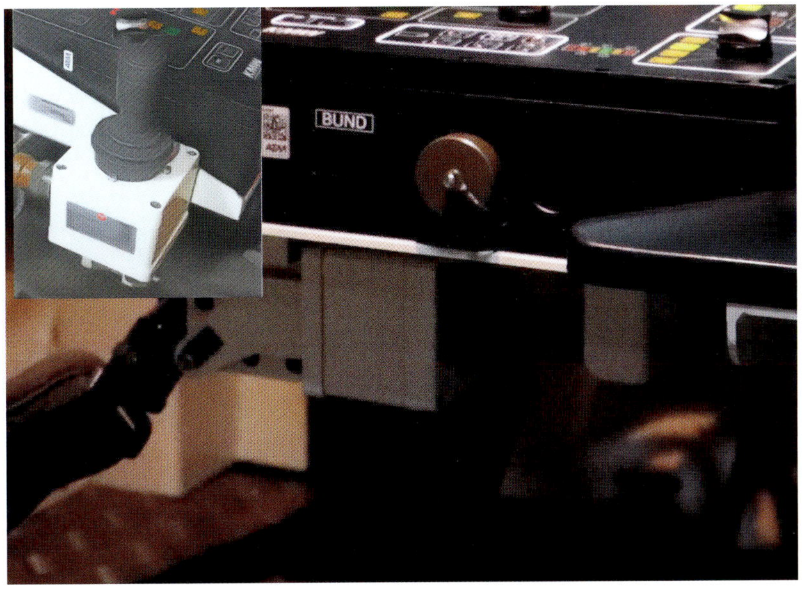

Links am ZBG ist eine Notricht-Steuereinheit angebracht, die bei Nichtgebrauch nach unten weggeklappt wird.

Der rechts von ihm angeordnete Kommandant verfügt ebenfalls über einen Monitor und ein SBG. Zielaufklärung mit der PERI-Sicht betreibt er mittels einem Einhandrichtgriff. Auch kann er mit diesem bei Bedarf die Zielbekämpfung sowohl mit dem PERI als auch der Hauptoptronik (dargestellt auf seinem Monitor) durchführen sowie dem RS von ihm aufgeklärte Ziele verzugslos zuweisen. Rechts von ihm befinden sich der IT-Rechner und der BV-Verteiler sowie die VHF-Funkanlage, dahinter die Navigatonsanlage-Steuerung.
Bei den beiden SBG werden über (Druck-)Taster die einzelnen Funktionen der Zentrallogiken geschaltet. Dafür stehen zehn Hauptmenüs zur Verfügung.

- Navigation
- Bedienfeld PERI
- Bedienfeld WAO
- Bewaffnung
- MUSS
- System
- FÜ/FP
- Bedienfeld Zielbekämpfung
- Zusatzgeräte
- Tippvisier

Standardmäßig liegt beim Bedienfeld Zielbekämpfung die »Zuständigkeit« beim TrpFhrWaSys, kann aber bei Bedarf sofort dem GrpFhr zugewiesen werden.

Auf dem BF Zielbekämpfung kann dann sofort vom Tag- in den Nachtmodus geschaltet werden und das optronische Sehfeld von groß auf klein geschaltet werden. Auch werden die Beobachtungsrichtungen der WAO und des PERI angezeigt.

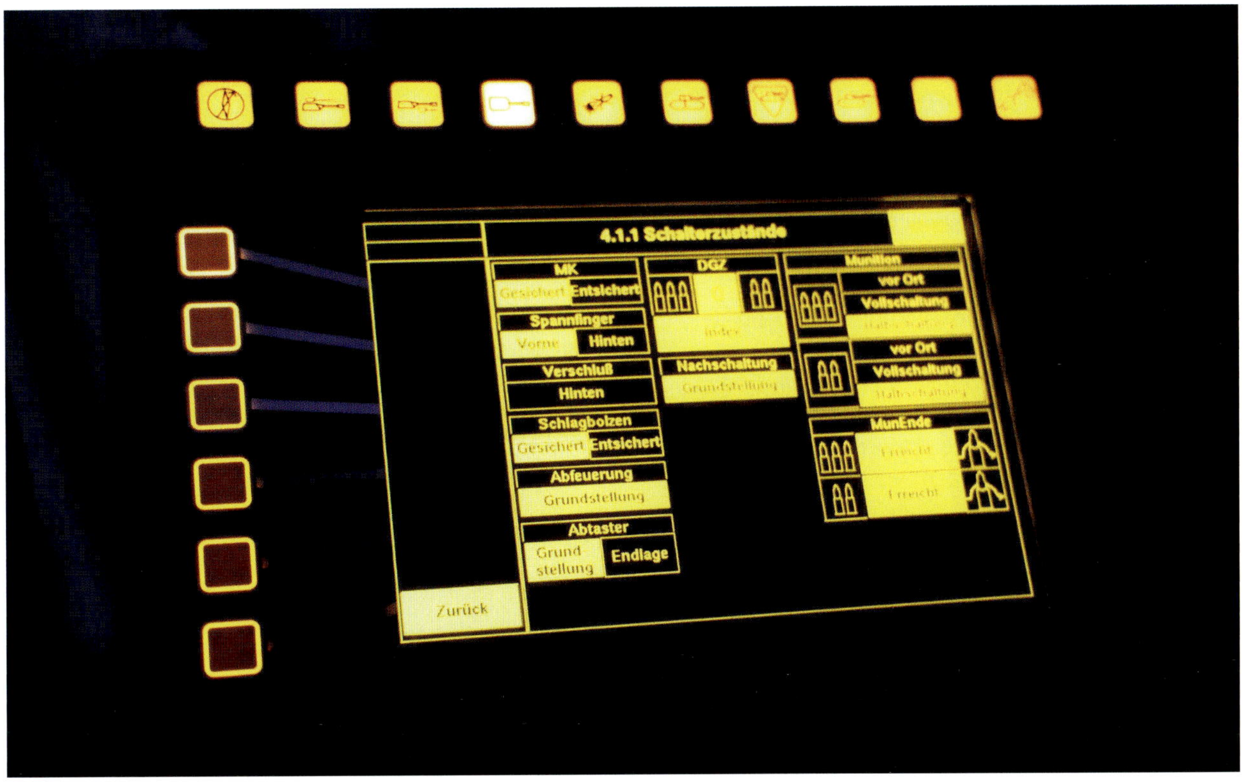

Bei Bedarf können auch sofort alle Schalterzustände angezeigt werden.

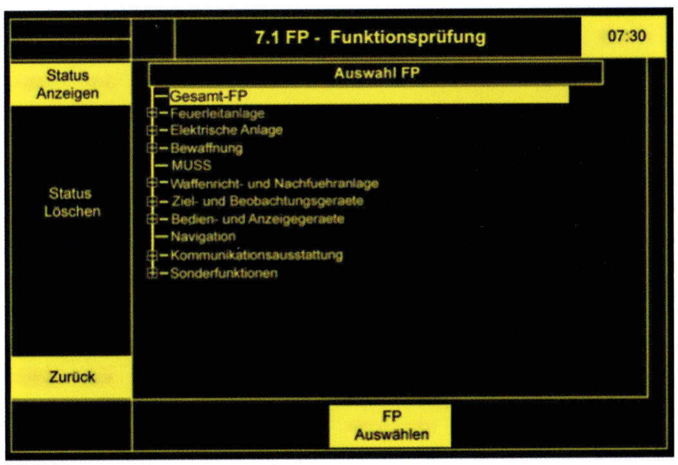

Beim Herstellen der Einsatzbereitschaft des Fahrzeugs kann eine sachgerechte Funktionsprüfung durchgeführt bzw. bei Fehleranzeigen diese ermittelt werden. (PSM)

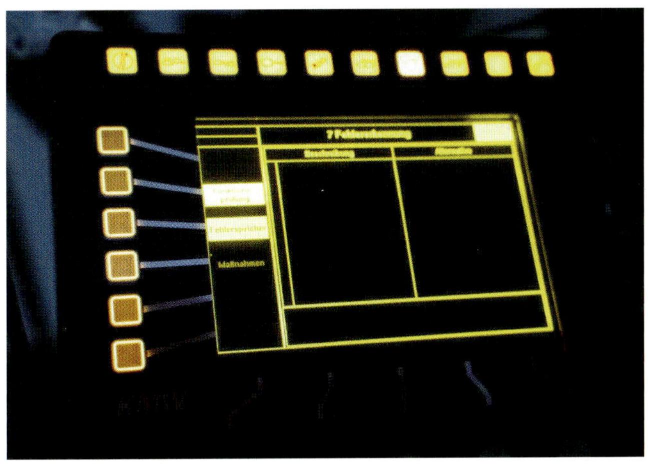

Bei nicht behebbaren Fehlern kann der Instandsetzer mittels eines Diagnoserechners das Fahrzeuglogbuch auslesen und so die Fehlererkennung auf Bauteilebene steuern. (PSM)

Der GrpFhr verfügt über den Einhandrichtgriff rechts neben sich und einer Zusatzbedieneinheit (ZBE) links von sich, die zur Steuerung der Richtungsvorgaben »Seite« und »Höhe« für das PERI, die Waffenoptik, Waffenrichtkommando sowie der MUSS-Anlage.
Auf dem PERI befinden sich (Wipp-)taster für die
- Sehfeldumschaltung und Tag/Nacht (WBG)-Sichten
- Polarität/Autofokus
- Helligkeit Strichmarke
- Minimonitoreinstellungen (soweit angeschlossen)

Zwischen den beiden SBG ist zentral das Display für das Führungssystem und davor das Zentralbediengerät (ZBG). Darunter ist eine Not-Richt-Steuereinheit. Mit dem ZBG werden die wesentlichen Bedienfunktionen des SPz gesteuert.

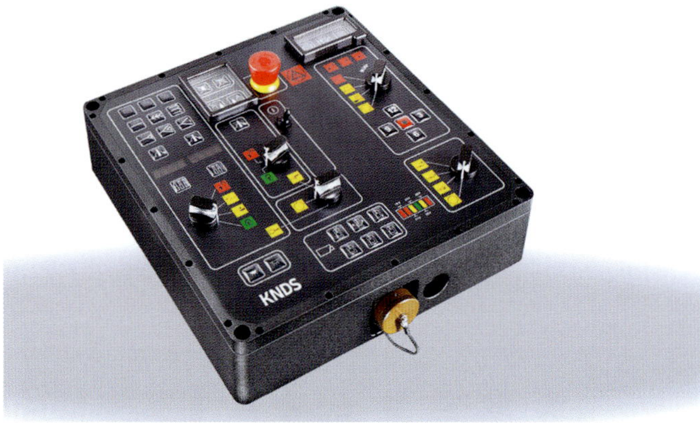

Bild von der ZBG für die SO-PUMA-Variante. Mittig oben befindet sich der Not-Stopp-Taster (daneben eine Zentralwarnleuchte) um Turmschwenken und Waffenelevation zu stoppen. Links davon sind die »Rollentauschtasten«. Darunter ist das Bedienfeld für das MG, rechts davon der »Ein-Aus«-Schalter für die Waffenanlage. (KNDS)

Es sind acht Bedienfelder und zwei Anzeigeeinheiten verfügbar.
- Bewaffnung
- Normaler Betrieb und Rollenwechsel
- Betriebsstufen
- Not-Stop
- Überbrückungstaster
- Kameras
- Kampfraumbeleuchtung
- MUS-Bedienung
- Anzeige Zentralwarnleuchte
- Anzeige Bordnetzspannung

Zusätzlich sind ein Notstopp-Schalter und ein Integriertes Prüfsystem (IPS) verfügbar. Bedienung und Anzeigen erfolgen auf den beiden SBG mittels einer Systemlogik. Es beinhaltet diese Betriebsarten:
- Initialisierungstest (INIT)
- Funktionsüberwachung (FÜ)
- Funktionsprüfung (FP)
- Fehlerlokalisierung (FL)

Die Zusatzbedieneinheit (ZBE) hat nebeneinander drei Schalter, eine Wippe zum Auslösen/Stoppen des Schnellschwenkens, einer Taste für den »Dynamischen Vorhalt« (beim Bekämpfen sich bewegender Ziele) und einer Wippe zur Abfeuerung des Entfernungsmess-Lasers.
Die Notricht-Steuereinheit besteht aus einem zweiachsig lenkbaren Steuergriff und einem Tastschalter zum Einschalten bzw. dem Schalterbetrieb.

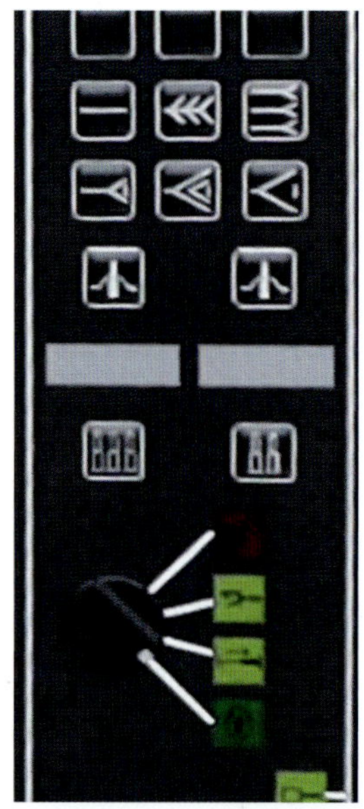

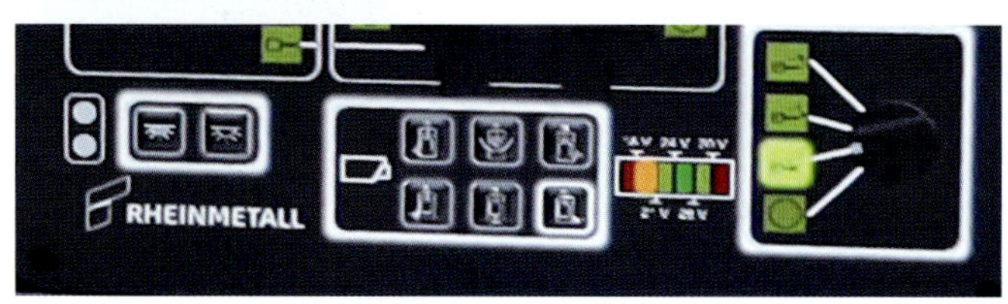

Im unteren Bereich befinden sich links die beiden Taster für die Innenbeleuchtung (Rot- und Normallicht). Mittig sind die Kamerasichten anwählbar, daneben die Bordnetzspannungsanzeige. Recht ist der Betriebsstufenschalter (Stab-Ein, Beobachten, Marsch, Turm Aus).

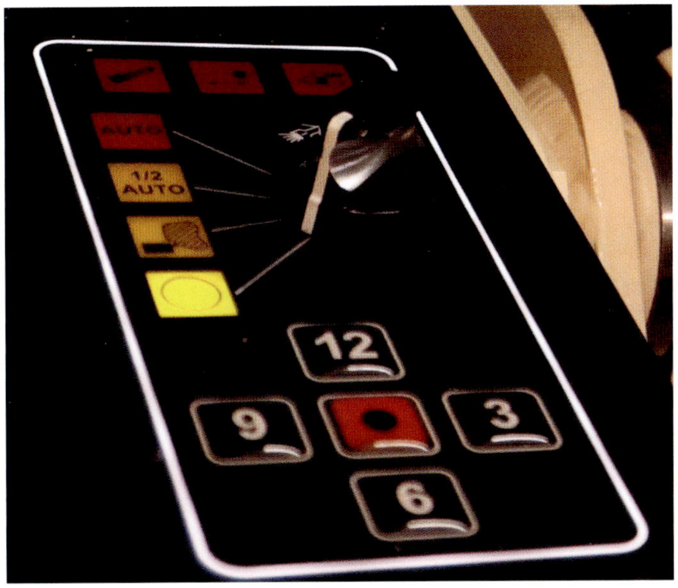

Rechts oben ist das MUSS-Bedienfeld mit den drei Bedrohungsanzeigen, darunter der Betriebsartenschalter mit den Anwahloptionen »Auto«, ½-Auto, Nebel und Aus. Darunter befinden sich der Abfeuer- sowie die Richtungstasten.

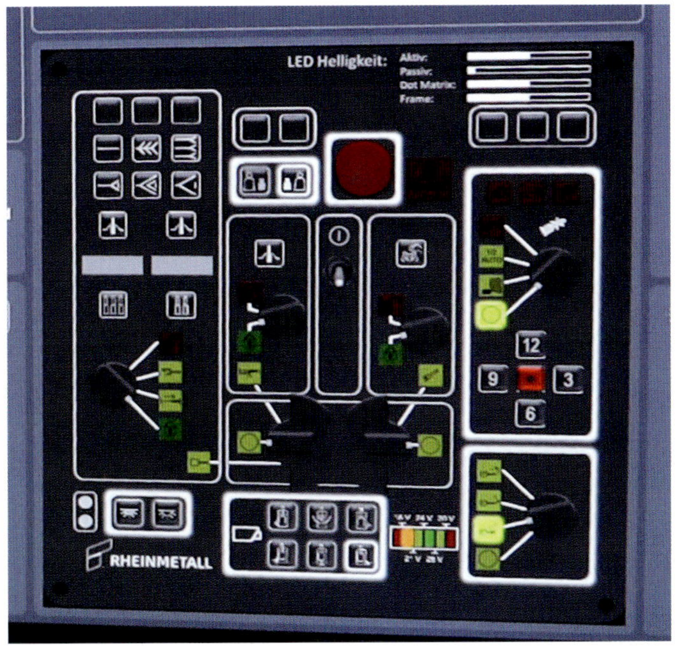

Nach Einrüstung der Waffenanlage MELLS wird ein anderes ZBG verwendet mit dem MELLS-Bedienfeld rechts unterhalb des Not-Stopp-Tasters mit dem Waffenstatusschalter »Ein/Aus«.

Die Zielbekämpfung mittels eines MELLS-LFKs wird durch den Richtschützen über die WAO durchgeführt. In dieser Phase kann die Kanone nicht eingesetzt werden, jedoch mittels PERI Zielaufklärung durchgeführt werden. (PSM)

Der **Kraftfahrer** steuert das Fahrzeug in erster Linie mittels seiner Zentralen Bedieneinheit (ZBE) und dem mittig davor befindlichen Lenkgriff. Dahinter befindet sich die Bedien- und Anzeigeeinheit (BAE).
Die ZBE hat links den Hauptschalter sowie rechts den Drehschalter für die Beleuchtungsstufen. Mittig ist der Motorstart-Taster sowie weitere Taster u.a. für die Warnblickanlage. Links seitlich ist ein Drehregler für das Gebläse, rechts außen für Heizen und Kühlen. Bei der S1 Fahrzeugvariante ist die ZBE mit deutlich mehr Anzeigen und Funktionen ausgestattet.

Auf den beiden Lenkgriffen sind oben je ein Wipptaster für die Fahrtrichtungsanzeige (links) und rechts für die Winkelspiegelreinigung. Dahinter sind zwei Taster für Fern-/Abblendlicht links) und das Signalhorn rechts. Über dem Lenkgriff mittig ist eine Funktionsanzeigeplatte für die Handhabung angeordnet.

Im Lenkgriff sind alle relevanten Anzeigen für den Fahrbetrieb für Geschwindigkeit und Drehzahl, Fahrtrichtung, Licht und Feststellbremse verfügbar.

Die umfangreichere ZBE ab der S1-Variante mit der Sichtauswahl per Richtungstasten und Drehregler, daneben für die Polarität und Einschalten von Hilfslinien, darunter Taster für Winkelspiegel- und Kamerareinigung.

Auf den beiden Lenkgriffen sind oben je ein Wipptaster für die Fahrtrichtungsanzeige (links) und rechts für die Winkelspiegelreinigung. Dahinter sind zwei Taster für Fern-/Abblendlicht links) und das Signalhorn rechts. Im Lenkgriff sind alle relevanten Anzeigen für den Fahrbetrieb für Geschwindigkeit und Drehzahl, Fahrtrichtung, Licht und Feststellbremse verfügbar.
Das BAE hat mehrere Bedienfelder, links oben für die Vorwärm- und Heizanlage, auch für die Winkelspiegel sowie den IR-Scheinwerfer, darunter die Bedientaster für die Tiefwat- und ABC-Schutzanlagen sowie die Fahrerluke, rechts oben mit den Fahrzeugstatusanzeigen sowie der Zentralwarnanzeige. Darunter ist ein Bildschirm für Steuer- und Diagnosefunktionen, mit dem auch Stördaten von den Integrierten Prüfsystemen (IPS) abgerufen werden können.

Bei den Status- und Warnanzeigen gibt es die Zentralwarnleuchte links, daneben die für Batterieladung, Bremsanlage, Störung an Turmwaffenanlage, darunter Getriebeölmangel, Brand im Triebwerksraum, Frischluftzufuhrstörung, daneben in gelb geringer Kraftstoffvorrat, zu hohe Laufwerktemperatur und Isolationsfehler.

Die Steuer- und Diagnoseeinheit zeigt auf vier Informationsfeldern den Kraftstoffvorrat im linken und rechten Behälter, den Motoröldruck und die Kühlmitteltemperatur an. Darunter befinden sich Taster für die Kamera-, Navi-, Batterie- und Fahrzeugdatenprüfung sowie Richtungstasten und Anzeigen der Tageskilometer und der Turmstellung.

Links neben der BAE befindet sich der Gangwahlschalter mit einem Fahrtrichtungshebel, der nur zu Fahrtbeginn bzw. Richtungswechsel zu bedienen ist. Bei Schaltstörungen kann der MKF einen Notgangwahlschalter (an der rechten Seitenwand verbaut) mechanisch bedienen. Dort befindet sich auch der Festbremshebel.

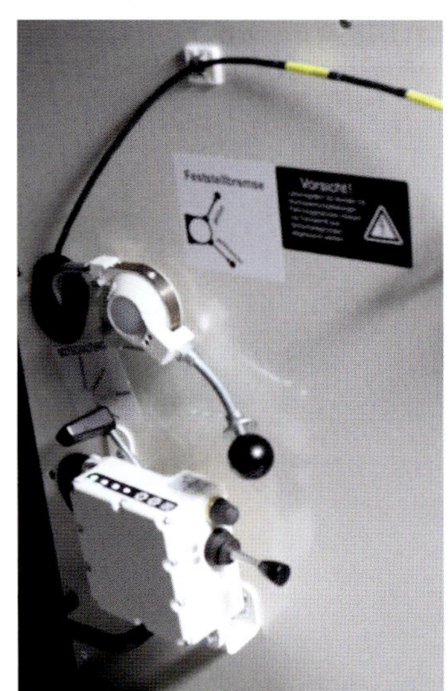

Die Feststellbremse und die Notschaltung, wie sie an der Tür des Fahrsimulators angebaut ist.

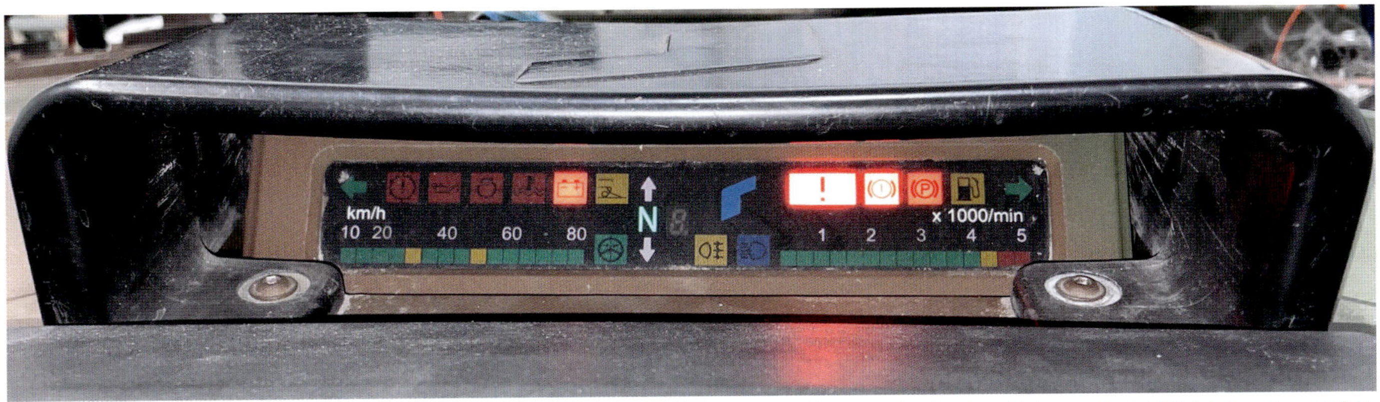

Für den »Fahrbetrieb über Luke« ist vor der MKF-Luke außen auf dem Wannendach eine Externe Schriftfeld-Anzeige (ESA) angebracht, die dem Fahrer wichtige Informationen anzeigt, die ansonsten im Lenkgriff bzw. an der BAE ablesbar sind. (Rhm)

Bei Nacht kann der Fahrer sich auch auf seinem Display die Wärmebildsicht anzeigen lassen und kann recht präzise seinen Fahrweg auswählen. (PSM)

Links von Fahrer befindet sich an der Innenwand der Energieverteiler mit links der Leistungs- und rechts der Rechnereinheit mit Schutz-, Notbetriebs- und Trennschaltern. Rechts davon ist die Navigationsbaugruppe eingebaut, die datenseitig vom GPS-Empfänger versorgt wird.

An der Leistungseinheit befinden sich Schutz- und Trennschalter. Die Rechnereinheit rechts daneben hat mehrere Not-Stoppschalter, einen Kippschalter für den Motor-Notbetrieb und auch eine Handauslösung für die Feuerlöschanlage. Dazwischen – hinter einer Schutzklappe – befinden sich weitere Schutz- und Trennschalter. Unter der Klappe links unten mit den Warnzeichen befinden sich Stromversorgungssteckanschlüsse.

Hinter dem mittleren Winkelspiegelausblick ist die externe Schriftfeldanzeige. Links am Wannenrand ist die Abdeckkappe für den Spülluftschacht des Triebwerks zu sehen.

Am Fahrzeugbug sind neben den Frontkameras der Einfüllstutzen für die Hochdruckreinigungsanlage (rechte Seite) und links davon der Staukasten für Schneegreifer-Kettenmodule zu sehen.

An den Bedienständen des GrpFhr, des TrpFhr und des SchtzTrp sind Sensorelemente zur Zielrichtungseingabe angebracht. Alle Monitore haben Funktionsschalter/taster für die Einstellungen (Farbe, Helligkeit, Kontrast, Positionsmarke usw.).

Der TrpFhr verfügt über eine Bedien- und Anzeigeeinheit (BAE SchtzTrp) mit einer Zentralwarnleuchte, Statusanzeigen für die Heckklappe und der dortigen Dachluke und Bedientaster für die Kampfraumleuchten und die Winkelspiegelheizung/-reinigung. Im Notfall kann der TrpFhr den oben angebrachten Notstopp-Taster betätigen zur Unterbrechung aller elektrisch bzw. hydraulisch angesteuerter Baugruppen. Die Heckklappe kann mechanisch entriegelt werden.

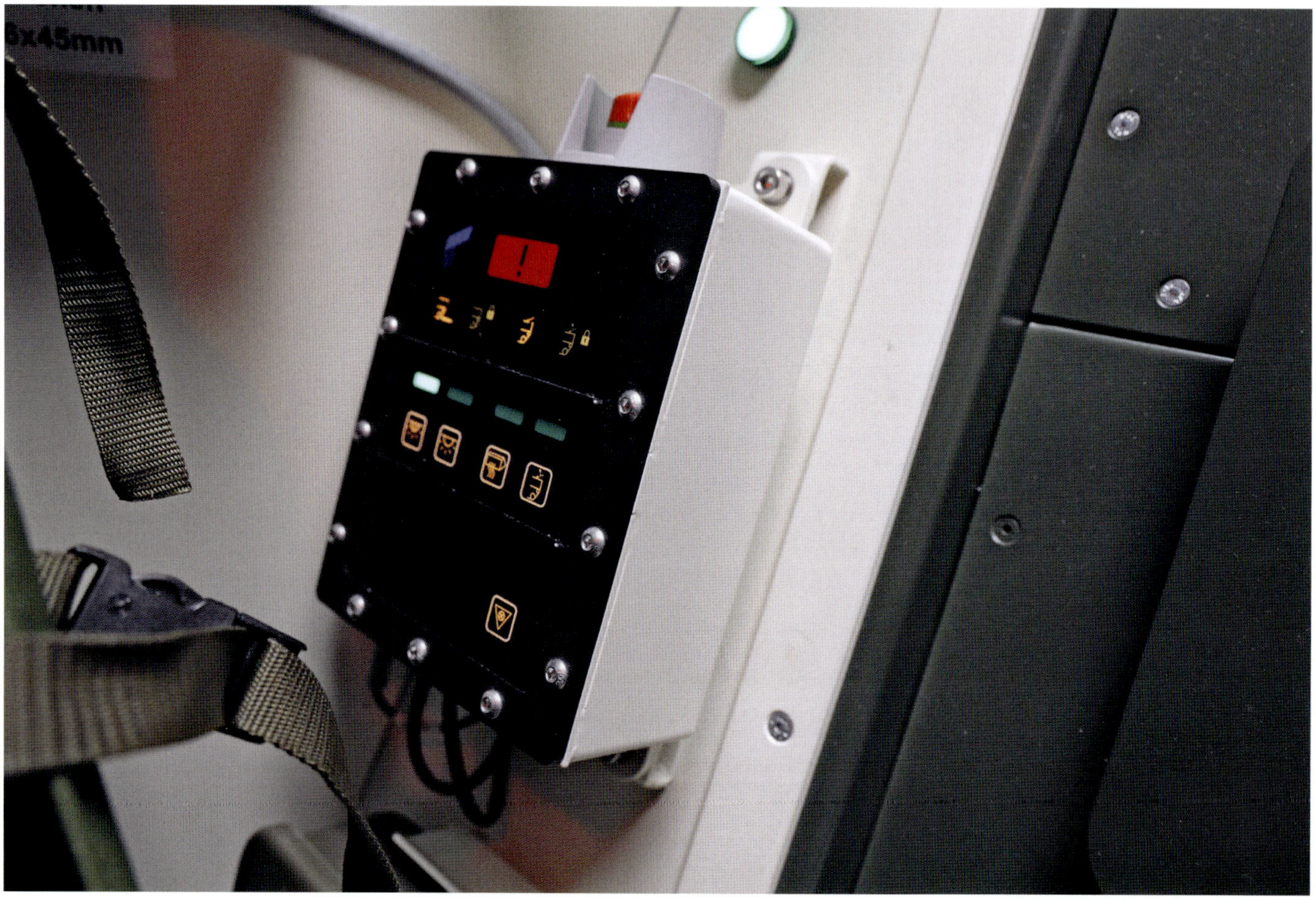

Die BAE neben dem SchtzTrpFhr-Platz mit den bereits angesprochenen Funktionen. Oben sind die Anzeigen »Heckklappe geöffnet«, daneben »Öffnung nicht möglich«, dann »Dachluke geöffnet« sowie »Öffnen nicht möglich«. Mittig sind die Taster für Rot- und Weiß(Innen-)Licht, der Taster für die Winkelspiegelheizung sowie der Taster zur Aufforderung die Dachluke zu öffnen. Rechts unten ist ein Taster für den Lampentest.

Links hinten ist ein BAE SchtzTrp angebracht, das bei Bedarf genutzt werden kann. (PSM)

Am BAE kann eine Fülle von Funktionen genutzt werden u.a. Sichtpanorama vorn oder hinten (mit Zoomtaste), rechts oben Taste »Zielzuweisung« sowie rechts seitlich Funktionstasten, die gezielt belegt werden können. Auch auf dem Touchscreen gibt es weitere Tastenoptionen.

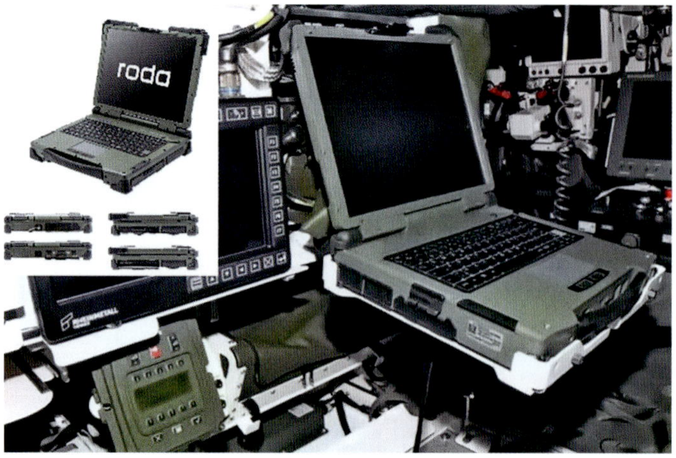

Der taktische Führer verfügt über ein militarisiertes (»gehärtetes«) Rocky RK15 (früher RK12) Notebook von Roda, das seitlich und hinten anschlussmäßig angepasst werden kann.

In den Führungspanzern für den Kompaniechef und den Bataillonskommandeur entfällt links hinter dem Turmbereich der übliche Schützenplatz. Stattdessen sind dort zusätzliche Kommunikationssysteme (z.B. für SatCom) verbaut. PSM)

Mitte Juni 2025 erhielt ich auf dem Rhm-Übungsplatz Unterlüß von einem fachkundigen Team eine intensive, auch fahrtechnische Einweisung in einen S1-PUMA. (Rhm)

Die Fahrtstrecke umfasste alle typischen Fahrbahneigenschaften von Asphalt, über Schotter bis hin zu Geländeuntergrund. Auf allen überzeugte das abgekoppelte Laufwerk mit sehr guter Abfederungsleistung sowie merklich leiserer Abrollgeräusche. Siehe auch Abbildung auf nächster Seite. (Rhm)

Abb. links: Für das Satelliten-Funkgerät ist mittig am Heck eine sogenannte X-Wing-Antenne von ATCOM angebracht, die beim Betrieb aufgeklappt wird.

Sehr beeindruckend war auch das Beschleunigungs- aber auch das Bremsvermögen, wie hier vorgeführt. (Rhm)

Ausstattung der Panzergrenadiertruppe

Das Heer verfügt aktuell über neun aktive und zwei nicht-aktive Panzergrenadierbataillone.
Fünf von denen sind bislang mit dem Schützenpanzer PUMA ausgestattet, die übrigen noch mit dem Schützenpanzer MARDER.
Der Panzerlehrbrigade 9 in Munster unterstehen das PzGrenLehrBtl 92 sowie das PzGrenBtl 33 in Neustadt/Rbb.
Der Panzerbrigade 12 unterstehen aktuell das Panzergrenadierbataillon 112 und 122. Letzteres wird in Zukunft jedoch der neu aufzustellenden Panzerbrigade 45 unterstellt und dauerhaft in Litauen stationiert.
Das mit PUMA ausgestattete PzGrenBtl 212 in Augustdorf untersteht der PzGrenBrig 37.
Die Panzergrenadierbrigade 37 verfügt außerdem noch über die PzGrenBtl 371 und 391 sowie über das nicht-aktive Panzergrenadierbataillon 909.
Der Panzergrenadierbrigade 41, sind das Panzergrenadierbataillon 401 und 411 sowie das nicht-aktive Panzergrenadierbataillon 908 unterstellt
Ein Panzergrenadierbataillon besteht in der Regel aus rund 650 Soldaten in vier Kompanien und verfügt über 44 Schützenpanzer. Bei den vier Kompanien handelt es sich um eine

Panzergrenadierbataillone „PUMA“ (ohne Ausbildungs- und Unterstützungskompanie)

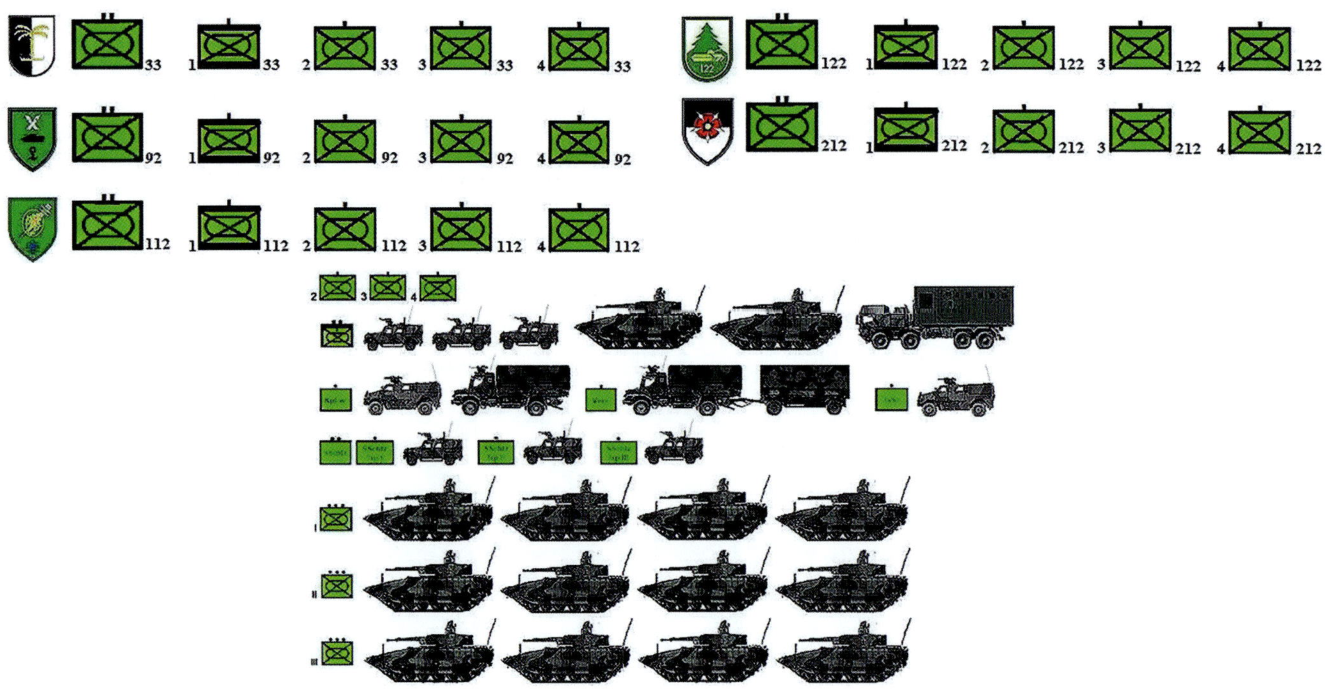

Eine Kampfkompanie besteht aus den drei Zügen mit je vier SPz PUMA und je einem Kraftwagen (Kw) für die Schützentruppführer (für Erkundungszwecke), der KpFührungsgruppe mit zwei SPz, drei Kw und einem GefStdLkw sowie dem KpFw Trp, dem Versorgungs- und dem Gefechtsstandtrupp. Im Einsatzfall werden weitere Lkw sowie drei EAGLE IV für die Scharfschützentrupps unterstellt. (UNITEC)

Stabs- und Versorgungskompanie und drei Kampfkompanien. Einige Bataillone verfügen darüber hinaus noch über eine fünfte Kompanie, die der Ausbildung von Rekruten dient.
Zwei der noch mit dem SPz MARDER ausgestatteten Verbände (Jägerbataillone 91 und 413) sollen zwecks Realisierung sogenannter Mittlerer Kräfte mit dem neuen Radschützenpanzer BOXER mit RCT30-Turm (in weiten Teilen mit dem des SPz PUMA baugleich) ausgerüstet werden. Die restlichen MARDER-Verbände (PzGrenBtl 371 in Marienberg und 391 in Bad Salzungen) sollen neu georderte SPz PUMA S1 bis 2030 erhalten.
Die Ausbildung der Ausbilder (AdA) begann am 20. April 2015 zunächst mit sieben SPz PUMA am Ausbildungszentrum in Munster, bis Jahresende kamen noch 16 weitere hinzu. Die Logistik-Truppenschule erhielt in 2015 zwei Fahrzeuge.
Ende August wurde dann die 2./PzGrenLehrBtl 92 umgeschult und fungierte danach (ausgestattet mit zunächst sechs PUMAs) als Ausbildungs- und auch als Versuchskompanie für Weiterentwicklungen. 2016 erhielt dann das PzGrenLehrBtl 92 noch 14 weitere Schützenpanzer. Die PzTrSchule erhielt weitere neun, die TSL zwei SPz PUMA. Sowohl die Panzertruppenschule als auch das PzGrenLehrBtl 92 waren bereits in den zahlreichen Versuchsphasen seit Entwicklungsbeginn des SPz PUMA intensiv eingebunden, wie im Kapitel »Entstehung« ausführlich dokumentiert. Neben der Einführungsorganisation ist auch die PzTrS seit Ausstattungsbeginn mit der IX. Inspektion für die routinemäßige Ausbildung in Lehrgangsform verantwortlich.
Der erste Verband, der noch in 2016 voll ausgestattet wurde, war das PzGrenBtl 33 in Luttmersen.
Die Bataillone stellten mir eine Reihe sehr ausdrucksstarker Fotos dankenswerter Weise zur Verfügung!
Der Ausbildungsgruppe vom PzGrenBtl 112 wurde später in 2016 die ersten 16 Schützenpanzer übergeben und im März 2017 nach Regen transportiert. Wie bereits angesprochen, wurde ab 2020 das PzGrenBtl 121 nach und nach auf den Rüststand VJTF umgerüstet.

Als nächster PUMA-Verband wurde ab 2017 beginnend das PzGrenBtl 122 in Oberviechtach ausgestattet, abgeschlossen im Juni 2018.

Als (vorerst) letztes Bataillon erhielt das PzGrenBtl 212 in Augustdorf ab Januar 2019 den SPz PUMA.

Grafik: Bundeswehr/AHEntwg

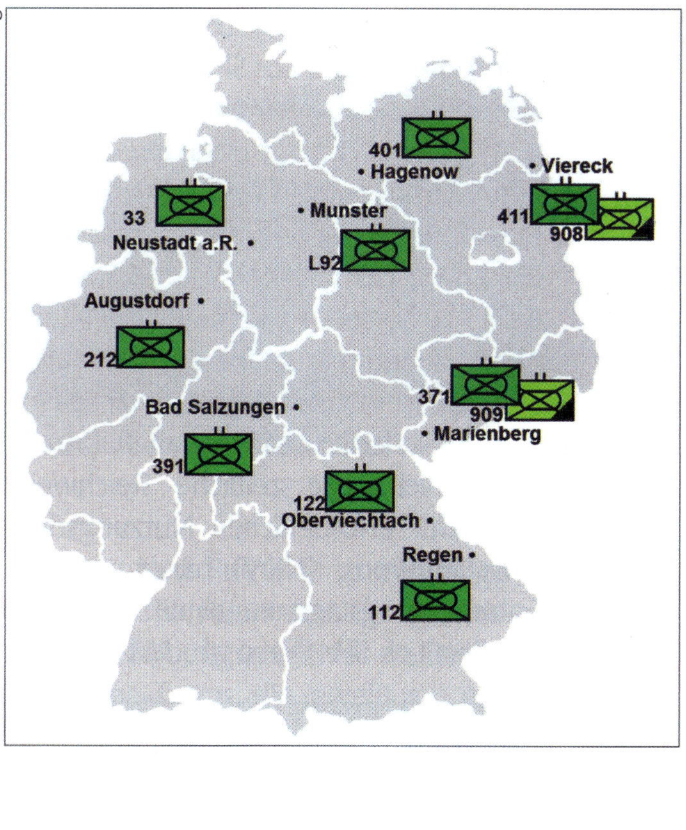

Die Panzerlehrbrigade 9 führt mehre Male im Jahr an der Tribüne des Übungsplatzes Munster-Süd sogenannte Ausbildungs-Lehrübungen (ALÜ) zur Schulung von Lehrgangsteilnehmern durch. Am Bug des SPz PUMA vom PzGrenLehrBtl 92 lässt sich die Kennzeichnung »L« für Lehrbrigade erkennen.

Diese beeindruckende Aufnahme von der ALÜ im April 2024 zeigt das Legen einer Nebelwand.

Um die Aufmerksamkeit der Zuschauer auf die Bewegung des PERI zu lenken, sind dort zwei gelbe Kennzeichnungsstriche angebracht.

Auch das Auf- und Absitzen der hinteren Kampfraumbesatzung wird gezeigt.

Am jährlichen »Lili-Marleen-Tag« in Munster finden sich dann auch viele zivile Gäste ein.

Der anspruchsvolle Teil der ALÜs sind Anteile im scharfen Schuss (ohne externe Zuschauer)

Das PzGrenLehrBtl 92 führte zahlreiche Nutzungstests durch, wie hier die Einsatzprüfung im Jahr 2013. (PSM)

Wichtiger Auslandseinsatz ab Dezember 2023 (bis 30.05.2024) war der Einsatz einer Kompanie bei der NATO Battlegroup Slovakia im Rahmen der eVA (enhanced Vigilance Activities). Das Bild zeigt das Ende eines Kompaniegefechtsschießens auf den Übungsplatz Lest. Die Fahne »Charlie« steht international für 3. Kompanie. In der Mitte steht mit den weißen »L«-Armbinden der Bataillonskommandeur.

Für spezielle Beweglichkeitstest werden anspruchsvolle Geländeteile mit Hindernissen und dgl. genutzt.

Szenisch beeindruckendes Foto vom ersten PUMA-Schießen im Januar 2024.

PUMA bei einem Durchgang im scharfen Schuss (rote Flagge gesetzt). Da aufgeklärt, muss der SPz ausweichen und zündet daher eine Nebelwand.

Bild von einer der Übungen des PzGrenLehrBtl 92 im Spätherbst 2024 in der Slowakei. Auch widrige Geländekonditionen müssen gemeistert werden.

Beim ersten Verband, der noch 2016 **voll** ausgestattet wurde, handelte es sich um das PzGrenBtl 33 in Luttmersen.

Diese Aufnahme illustriert die Kennzeichnung des III. Zuges der 2. Kompanie (vom Zugführer 230 bis zum Fahrzeug 233).

Die 3. Kompanie verwendet gelbe Turmnummern.

Panzer des Zugführers III der 4. Kompanie mit blauen Nummern.

Auch winterlichen Bedingungen muss sich die Kampftruppe stellen!

Fordernd ist das Sammeln von Erfahrung im sogenannten »Häuserkampf« – mit einfallsreicher Fahrzeugtarnung!

Dank fehlendem Dienstschluss beim Gefechtsdienst und Übungen kann die Besatzung den tollen Sonnenuntergang genießen.

Das Fahrzeug des Führers des III. Zuges der 2. Kompanie (231) bei der Schießausbildung auf einer Schießbahn auf dem Truppenübungsplatz. In weiß ist an der Turmseite sogar der Name des Kommandanten angebracht.

Die Geschichte des PzGrenBtl 33 war wechselhaft! Gegründet als Panzerbataillon wurde der Verband 2015 umgerüstet auf ein PzGrenBtl, weil zuvor ein Augustdorfer Panzerbataillon der Panzerlehrbrigade 9 unterstellt worden war.

Interessantes Bild durch das Zielfernrohr des Richtschützen im Wärmebildmodus.

Der Ausbildungsgruppe vom PzGrenBtl 112 wurde später in 2016 die ersten 16 Schützenpanzer übergeben und im März 2017 nach Regen transportiert. Wie bereits angesprochen, wurde ab 2020 das PzGrenBtl 112 nach und nach auf den Rüststand VJTF umgerüstet.

Foto eines SPz von 112 auf dem Übungsplatz Oberlausitz im Jahr 2020.

Der vierte SPz des I. Zuges (A3) in der Variante VJTF bei der Einsatzvorbereitung auf dem Standortübungsplatz nahe Regen.

Wagen des PzGrenBtl 112 bei einem Probedurchgang auf einer Schießbahn. Die Schießampel (noch mit grünem Signal) hat die traditionellen Flaggen abgelöst.

Fahrzeugkolonne des PzGrenBtl 112 (gekennzeichnet mit Rundumkennleuchte) auf Straßenmarsch. Der Kommandant passt auf, dass der Fahrer nicht den Bürgersteig demoliert. (WB)

Die gelben Flaggen auf den beiden vorderen Panzern kennzeichnen »Ausfall«; vielleicht Kraftstoffmangel? (PSM)

Erste Ausbildung am neu gelieferten PUMA VJTF. Die Kompaniekennzeichnung war noch mit Kreide seitlich aufgemalt. (WB)

Auch Verlegungen auf normalen Straßen müssen geübt werden. Die Kommandanten geben Richtungszeichen mit Hilfe einer Winkerkelle (bei Dunkelheit per Taschenlampe). (WB)

In der intensiven Vorbereitung auf den VJTF-Auftrag mussten durch das Bataillon auch anspruchsvolle Gefechtsaufgaben erfüllt werden, wie hier das Übersetzen über ein Gewässer mit Hilfe einer Fähre. (WB)

Teil des PzGrenBtl 112 ist auch eine 5. (Ausbildungs-Unterstützungs-)Kompanie (»533«-Kennzeichnung am MELLS-Heck). (WB)

Fast jedes Jahr veranstaltet das Bataillon (wie viele andere) einen stets sehr gut besuchten Tag der Offenen Tür.

Als nächster PUMA-Verband wurde ab 2017 beginnend das PzGrenBtl 122 in Oberviechtach ausgestattet, abgeschlossen im Juni 2018.

Auch die Indienststellung eines neuen Waffensystems wird in einem Verband, wie hier bei 122 am 3. Mai 2018 zünftig gefeiert!

Dieses frühes Foto vom PzGrenBtl 122 zeigt eindrucksvoll, wie der Kommandant nicht sorglos auf eine freie Fläche fährt, sondern zunächst sichert und beobachtet.

Nach Übernahme der SPz in Munster war dann auf einer der dortigen Schießbahnen (SB) ein Höhepunkt das Zuggefechtsschießen (hier des III. Zuges der 3. Kp), bei dem dauernd wechselhaft mehrere Ziele durch jeden der vier SPz zu bekämpfen sind. Die schwarzweißen Tafeln sind die SB-Begrenzungen.

Als erstes musste der erste PUMA das gelbe Band an der Einfahrt der Grenzlandkaserne durchfahren!

In jedem Ausbildungsjahr finden PUMA-Gefechtsschießen auf Truppenübungsplätzen statt. Hier ein Nachtschießen in Grafenwöhr.

Ein wichtiger Ausbildungsort in Munster ist für solche im Kompanierahmen das Schießübungszentrum in Munster. Die roten Kreuze markieren sogenannte »Feindtruppe«.

Ein Großteil der Ausbildung findet auf dem eigenen Standortübungsplatz bei Oberviechtach statt, hier ein rasant fahrender Busch der 4. Kompanie.

Aber auch der Verteidigungsminister wollte (am 26.01.2023) am PUMA ausgebildet werden!

Nach und nach erhalten die mit der S0-Variante ausgestatteten Verbände schubweise S1-Fahrzeuge, wie hier ein interessantes Foto vom Juni 2024, das die äußerlichen Unterschiede verdeutlicht (MELLS-Waffenanlage links am Turm, Kameras an den Eckpunkten und am Bug/Heck, zweites Bergeseil vorn).

Als (vorerst) letztes Bataillon erhielt das PzGrenBtl 212 in Augustdorf ab Januar 2019 den SPz PUMA.

Zünftig unter Schneetreiben fand am 17. Januar 2019 die feierliche Übergabe der ersten Fahrzeuge (noch S0-Stand) statt.

Eine besonders interessante Übungsreihe ist das »Wettiner Schwert«, an dem das PzGrenBtl 212 im März 2024 teilnahm. Zunächst erfolgt die vorbereitende Ausbildung auf dem TrÜbPlatz Klietz. Die beiden Heckschützen haben die Blechschienen mit Wolletuch umwickelt, damit das Auflegen der Gewehre erschütterungsärmer ist. (WB)

Nachdem abgesessen kämpfende Grenadiere mit Pionierunterstützung einen Brückenkopf am anderen Elbeufer gebildet haben, setzt die Kampftruppe mittels Fähren über. Im Bild zwei SPzPUMA der 3./PzGrenBtl 212 mit dem VB-Artillerie in der Mitte auf dem TPz FUCHS. (WB)

Danach erfolgt die Verlegung zum GÜZ nach Letzlingen, oft auch im internationalen Verbund, wie hier vom tschechischen 41. MechBtl mit dem TPz PANDUR. (WB)

Elementare Bedeutung besitzt der Übergang vom auf- zum abgesessenen Kampf, zumeist in eine Richtung und rasch Deckung suchend.

Die beiden auf der Heckrampe liegenden Panzerfäuste sollten auch mitgenommen werden...

Dem SPz unmittelbar zu folgen dient der Sicherung in unklarer Lage, ist aber nicht ratsam bei feindlichem Beschuss des Fahrzeugs.

Modernisierung und Weiterentwicklung

Seit dem Übergang zu den Varianten VJTF und S1 gibt es darüber hinaus eine ganze Reihe von Überlegungen (und Vorschlägen) von Seiten der Industrie zur weiteren Leistungs- und Kampfwertsteigerung:

- Ausstattung mit einer »mobilen multispektralen Tarnausstattung« (MMT) in der Variante »Woodland«. Bei der MMT handelt es sich nach Beschreibung des BAAINBw um eine modular aufgebaute Tarnausrüstung, die die Fahrzeugsignaturen visuell im Infrarot- und im Radarbereich reduziert, ohne dass die Mobilität oder die einsatzspezifischen Funktionen des Schützenpanzers – beispielsweise Aufklärungs- und Wirkmöglichkeiten – beeinträchtigt werden. »Um eine optimale Signaturreduzierung zu erhalten, wird das Tarnmaterial für das jeweilige Fahrzeug geometrisch auf die äußeren Konturen des SPz PUMA maßgeschneidert. Die Tarnausstattung verbleibt bis zu umfangreicheren Instandsetzungsmaßnahmen am Fahrzeug; kann jedoch jederzeit abgenommen oder ausgetauscht werden«.
- Ausstattung und Integration des Schützenpanzers mit einer Aufklärungsdrohne, welche unter Panzerschutz be-

Foto von der MMT bei einem KPz LEOPARD 2. Schon die rein optische Erkennung ist stark herabgesetzt. (Saab MCS)

Bei Sonneneinstrahlung reflektieren die ungetarnten Fahrzeugflächen auffällig und erhöhen die Aufklärungsgefahr. (Rhm)

dient werden und das Aufklärungsbild in das Datensystem des Pumas einspeisen kann. Dazu sollen unterschiedliche Modelle untersucht werden. In Verbindung mit einer integrierten Drohne zur Gewinnung von Zieldaten wäre der Puma selbstständig in der Lage, Ziele außerhalb der direkten Sichtlinie z.B. mit MELLS zu bekämpfen.

- Erprobung verschiedener Systeme zur akustischen Schützendetektion mit anschließender Integration in den Puma inklusive datentechnischer Anbindung in das Sensor-to-Shooter-Konzept des Schützenpanzers.
- Einbindung von sensorgestützten Assistenzsystemen, die die Fahrzeugbesatzung entlasten soll. So könnten beispielsweise Routinevorgänge automatisiert werden, indem die Informationsverteilung und Zielzuweisung automatisch erfolgt bzw. Sensor-Scans automatisiert ablaufen und Muster so selbstständig erkannt werden. Zudem könnte eine Fusion der mittels unterschiedlicher Sensoren gewonnen Daten ein aggregiertes Lagebild erzeugen. Darüber hinaus wäre es denkbar, kognitive Assistenzsysteme einzubinden, die bei der Entscheidungsunterstützung mitwirken, indem diese Bekämpfungsvorschläge unterbreiten oder eine automatisierte Missionsplanung- bzw. -durchführung ermöglichen.

Zur weiteren Verbesserung der sichtmittelseitigen Aufklärungsmöglichkeiten soll es ein Video-Managing System geben, das auch mittels Koppelung aller Kamerarundumsichten einen sogenannten »Birdview«-Effekt generieren kann, sozusagen als virtuellen Blick von oben auf das Fahrzeug.
Weiterhin wird die Drohnenabwehrfähigkeit des SPz PUMA mit Hilfe einer entsprechenden Sensorik angestrebt, bestehend aus elektro-optischer sowie RF-Sensoranteilen. Zusätzlich können per Funk gesendete BMS-Daten externer Sensoren ebenfalls berücksichtigt werden. Mit dem Eingang der Bedrohungsrichtung, schwenkt das Periskop auf diese Richtung ein und eine KI-basierte Auswertung des Sichtfeldes unterstützt den Soldaten bei der Identifizierung und Verfolgung der Bedrohung. Anhand des beobachteten Flugprofils wird eine Feuerleitlösung errechnet und kann vom waffenführenden Schützen ausgelöst werden. Abhängig von der Art und Anzahl der

Drohnenbedrohung kann der Soldat KNDS zufolge über unterschiedliche vorprogrammierte Bekämpfungsprofile wählen, die bei Bedarf einzelne Ziele oder mittels aufeinander abgestimmter Air Bursts spezifische Splitterwolken im Raum erzielen können, um so im Schwarm anfliegende Drohnen effektiv und möglichst schnell treffen zu können. Mit einem solchen Sensor und einer angepassten Software, die ein automatisches Detektieren und Tracking ermöglicht, konnten in Kombination mit den bereits beim PUMA serienmäßig vorhanden Fähigkeiten der digitalen Feuerleitung ein erfolgreiches Bekämpfen von Drohnen aus der Fahrt sowie von Drohnenschwärmen bei Versuchen Anfang 2024 nachgewiesen werden. Dieses in finaler Entwicklung befindliche Drohnenabwehr-Kit kann in bereits genutzte PUMA-Türme nachgerüstet werden. Grundvoraussetzung dafür ist eine Softwareanpassung der Plattform sowie die Integration zweier zusätzlicher Rechner, die sich um die Identifizierung und die Verfolgung der Drohnen kümmern. Soll der Schützenpanzer gänzlich zum alleinigen Selbstschutz gegen Drohnen befähigt werden, müsste das Fahrzeug zusätzlich mit einem Standalone-Sensor ausgestattet werden.

Hinter der MUSS-Station ist ein sogenannter UAV-Detector (hier einer der US-Firma Dedrone) angebracht, der eine Drohne lokalisieren und das Modell identifizieren kann sowie die Entfernung. (PSM)

Im Aufklärungsverbund detektierte Drohnen können auf allen Lagedisplays abgerufen werden. (Rhm)

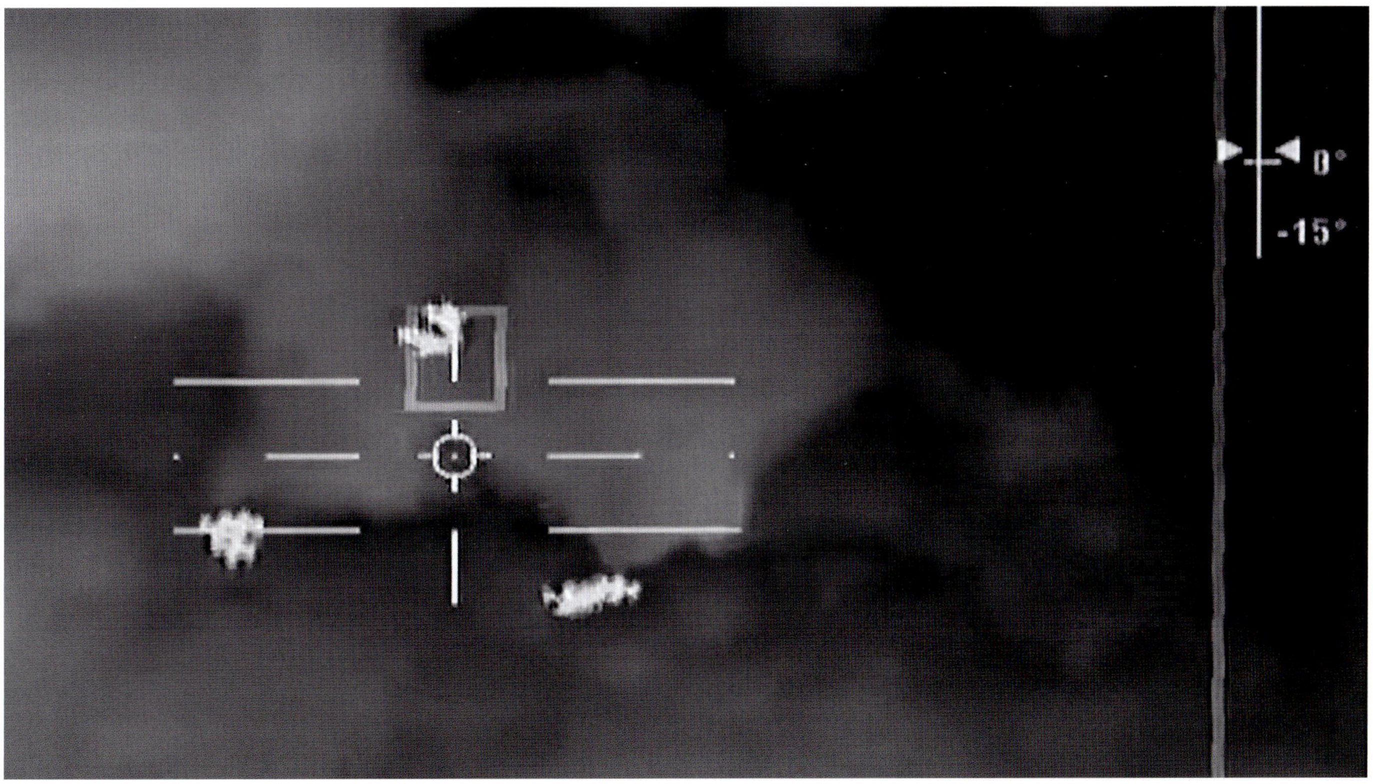

Mit den am nächsten positionierten Waffenträgern kann dann der Bekämpfungsvorgang verzugslos erfolgen. (Rhm)

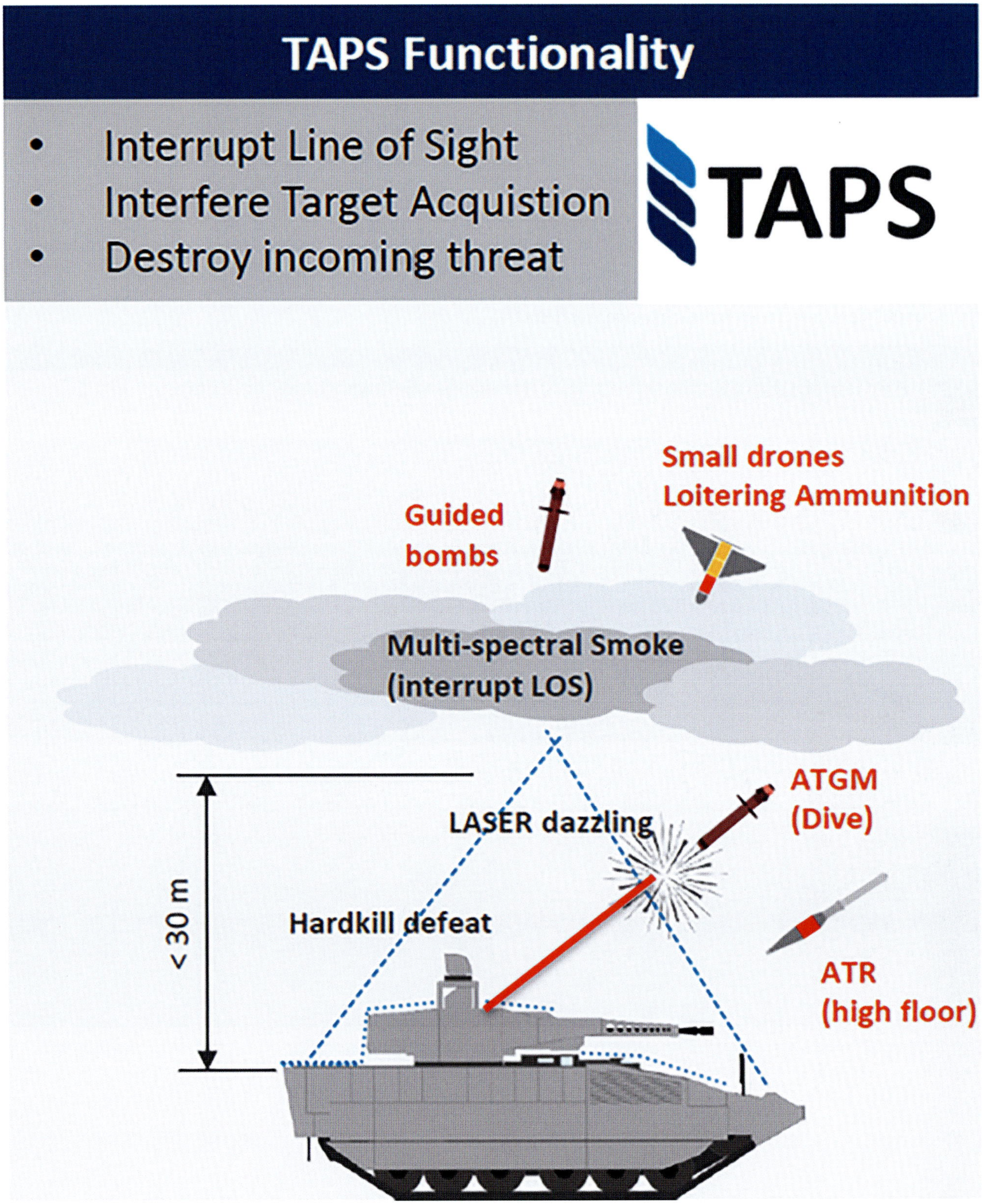

Ein weiterer Schritt vorwärts ist das TAPS genannte Drohnenabwehrsystem, das nicht nur die Sichtlinie sowie ein Zielerfassungssystem blockiert sondern auch einen Wirkkörper entgegen abschießen kann. (Rhm)

Bereits erwähnt wurde die Umstellung des momentanen TacNet-Führungssystems auf die neue LBO-Generation. Damit sollen alle im Kommunikationsnetz befindlichen Akteure Aufklärungsdaten für eigene Zwecke (z.B. als Lage- und/oder Zieldaten), und das völlig eigenständig, ohne vorherige Einbindung anderer Datenlieferanten. Es betrifft alle Handlungsfelder (Eigenposition, Lagebild, Führung, Zielkoordination).

Im Rahmen der Neuausrichtung des Heeres nach der Zeitenwende mit deutlichem Fokus wieder auf die Landes- und Bündnisverteidigung kommt es jetzt darauf an, den tatsächlichen Bedarf für die Panzergrenadiertruppe einschließlich der nichtaktiven Strukturelemente festzulegen. Es werden wohl nicht die ursprünglichen 1152 SPz, jedoch wird es einen deutlichen Zuwachs bedürfen!

Für weiter aufgerüstete und modernisierte Fahrzeug wird auch bereits eine Serienvariante 2 (S2) tituliert, die aber noch nicht »amtlich« ist.

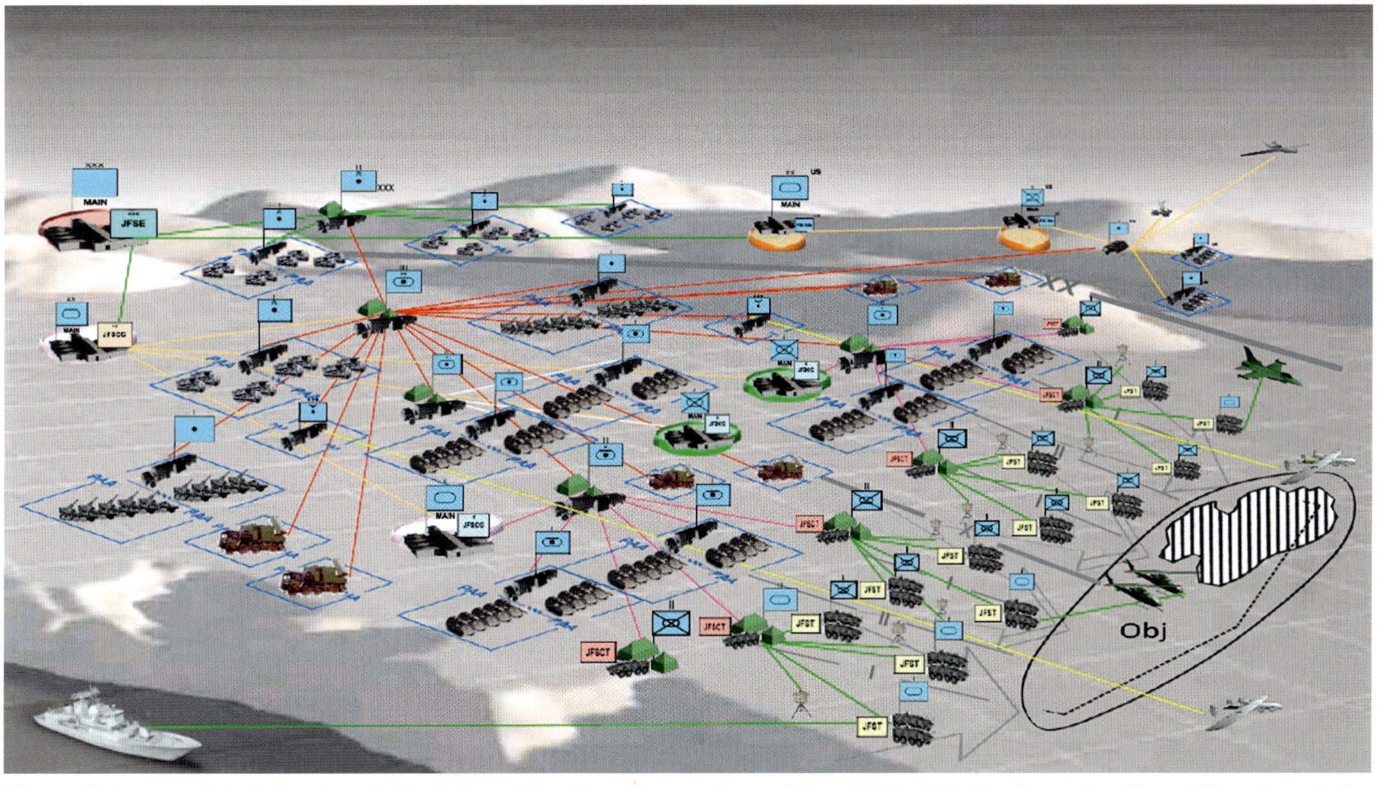

Dieses Schema zeigt eindrucksvoll die datenseitige Vernetzung aller auf dem Schlachtfeld agierenden Player! (Bundeswehr)

Abb. links oben: Für die Mittleren Kräfte, die mit dem TPz BOXER ausgestattet werden, ist die Hauptvariante mit dem PUMA-Turm ausgestattet. Dieses Foto zeigt die Größenunterschiede auf, ansonsten ist die Turm- und Besatzungsordnung gleich. (KNDS)

Rheinmetall bietet auch mit dem MRCT (Multi Role Chassis Tracked) eine Kettenvariante mit dem PUMA-Turm an. (Rhm)

Abb. links: Aufgrund der größeren Fahrzeuglänge finden bis zu acht Schützen im hinteren Kampfraum des BOXER Platz, hier mit festen Sitzen (keine Autoflug-Modelle). (KNDS)

Schützenpanzer PUMA

Technische Daten	
Gewicht:	
	43 t (gesamt)
	31,45 t (für Lufttransport)
Abmessungen:	
	Länge: 7,6 m
	Breite: 4,3 m
	Höhe: 3,6 m
	Bodenfreiheit: 0,45 m
Besatzung:	
	9 (3 + 8) Personen
Antrieb:	
	Motor: Zehnzylinder MT892KA-501-A HPD-Viertakt-Diesel
	Leistung: 800 kW
	Hubraum: 11,1 l
	Getriebe: HSWL 256 mit 6 Gängen
Beweglichkeit:	
	Höchstgeschwindigkeit: 70 km/h, 30 km/h rückwärts
	Kraftstoffmenge: 900 l
	Fahrbereich: ca. 550 km (Gelände ca. 250 km)
	Steigfähigkeit: 60 %
	Querneigung: 30 %
	Grabenüberschreitfähigkeit: 2,5 m
	Kletterfähigkeit: 0,8 m
	Wattiefe: 1,2 m
	Tiefwaten: 1,5 m (1,8 m mit TW-Schacht)
Bewaffnung	
Hauptwaffe:	Rhm MK 30-2/ABM
	Kaliber: 30 x 173 mm
	Theoret. Feuergeschwindigkeit: 200 S/min
	Effektive Reichweite: 3000 m
	V_0: 1400 m/s für KE, 100 m/s für ABM
	Munitionsmenge (Schuss): 200 feuerbereit, 161 Reserve
	Seitenrichtbereich: 360°
	Höhenrichtbereich: –15° bis +45°

Zweitwaffen:	
Maschinengewehr MG 4	5,56 mm koaxial
	V_0: 910 m/s
	Theoret. Feuergeschwindigkeit: max. 950 S/min
	Effektive Reichweite: max. 1000 m
	Munitionsmenge (Schuss): 1000 feuerbereit, 1000 verstaut
Panzerabwehrlenkflugkörper MELLS	
	Effektive Reichweite: max. 4000 m
Turmunabhängige Sekundärwaffenanlage TSWA	
	Richtbarer 40-mm-Granatwerfer mit letaler und nichtletaler Munition
	Theoret. Feuergeschwindigkeit: max. 180 S/min
	Effektive Reichweite: max. 400 m
Bewaffnung Schützentrupp:	
	Übliche Infanterie-Handwaffen und -Kampfmittel (StG, MG, Panzerfaust, Handgranaten usw.) abhängig vom Auftrag
Zieloptroniken:	
	Waffenoptik (WAO): Vergrößerung 2 x, 4 x, 16 x, 20 x
	Periskop (PERI): Vergrößerung 2 x, 4 x, 16 x
	Schwenkbereich: 360°

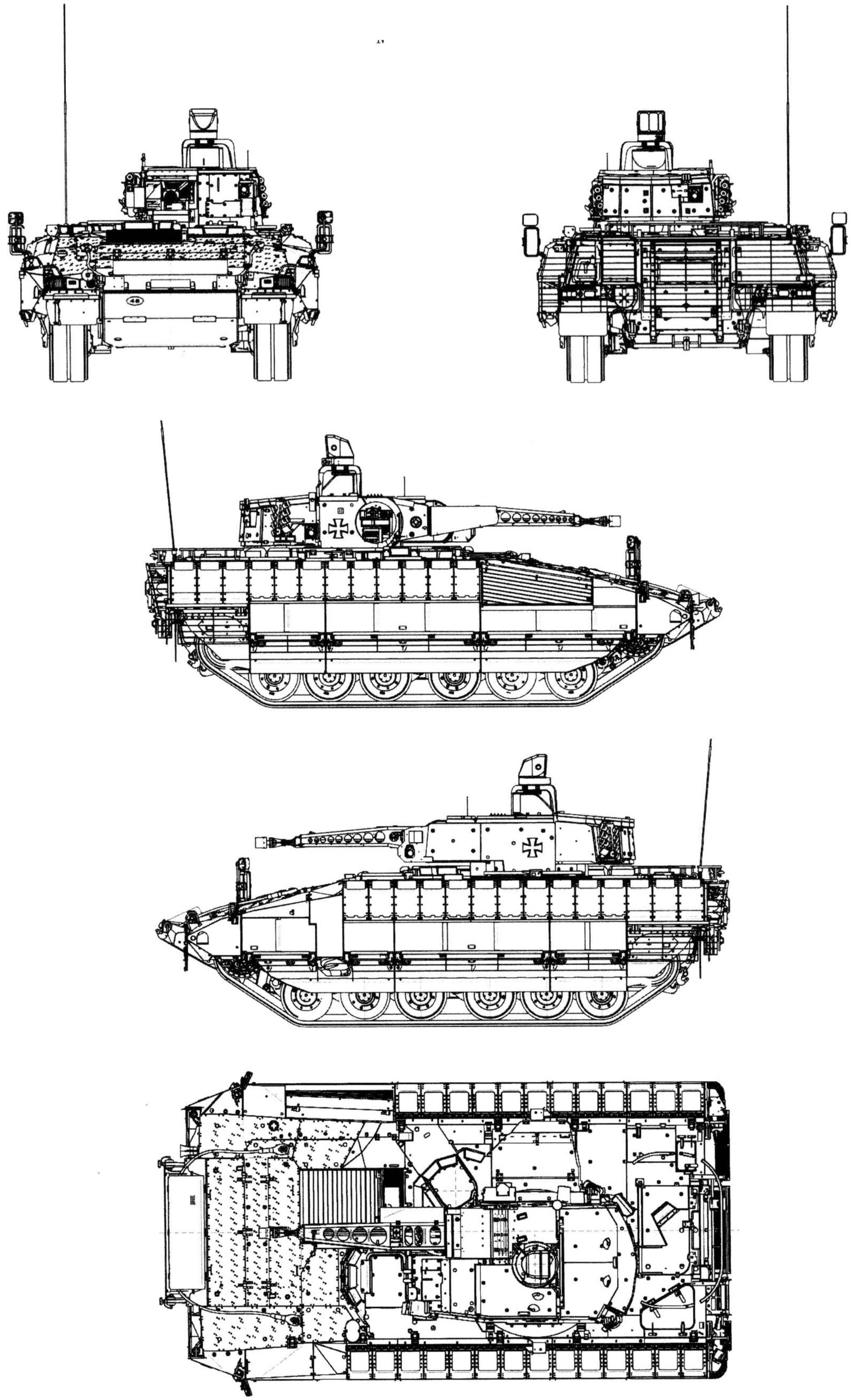

Risszeichnung Mells (PSM)

Mells Waffenstation eingerüstet

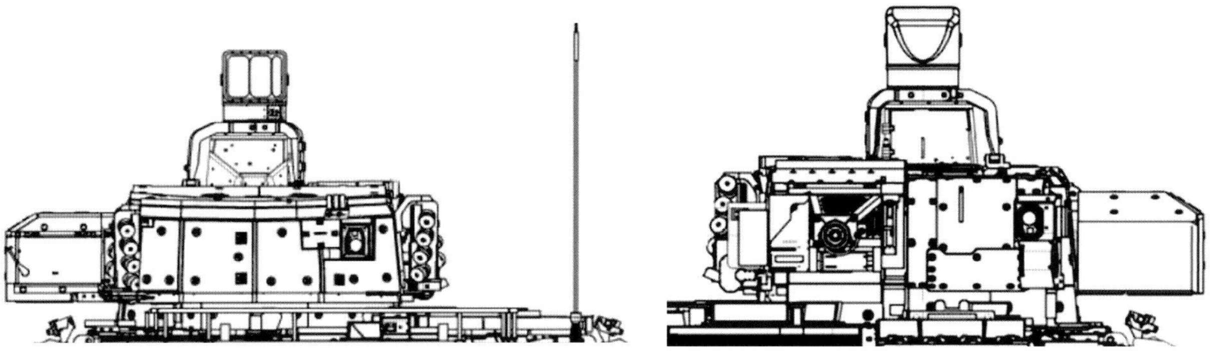

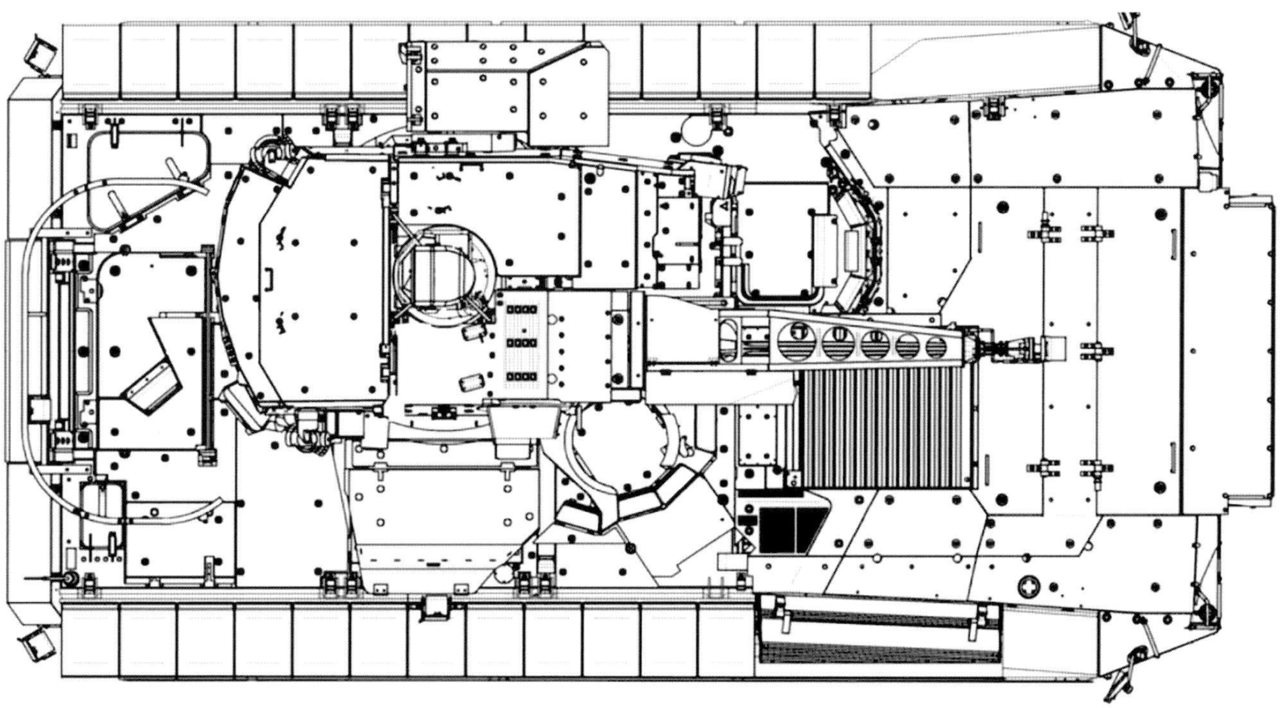

Impressum

Einbandgestaltung: Sven Rauert unter Verwendung von folgenden Bildquellen: Rheinmetall, KMW sowie der Bundeswehr.

ISBN 978-3-613-04819-5

Ein Unternehmen der Paul Pietsch-Verlage GmbH & Co. KG

1. Auflage 2025

Sie finden uns im Internet unter www.motorbuch-verlag.de

Lektorat: Joachim Kuch
Innengestaltung: Jürgen Knopf
Druck und Bindung: Conzella, 85609 Aschheim-Dornach
Printed in Germany

Soldaten der 10. Panzerdivision üben mit dem Schützenpanzer Puma das Gefecht in einem multinationalen Gefechtsverband im Rahmen der NATO-Übung Grand Quadriga auf dem Truppenübungsplatz Pabrade/Litauen, am 17.05.2024 (Marco Dorow).